Craftsman Wall Papering

도배기능사
실기문제
해설집

최돈화 지음

BM (주)도서출판 **성안당**

■ **도서 A/S 안내**

성안당에서 발행하는 모든 도서는 저자와 출판사, 그리고 독자가 함께 만들어 나갑니다.
좋은 책을 펴내기 위해 많은 노력을 기울이고 있습니다. 혹시라도 내용상의 오류나
오탈자 등이 발견되면 **"좋은 책은 나라의 보배"**로서 우리 모두가 함께 만들어
간다는 마음으로 연락주시기 바랍니다. 수정 보완하여 더 나은 책이 되도록 최선을
다하겠습니다.

성안당은 늘 독자 여러분들의 소중한 의견을 기다리고 있습니다. 좋은 의견을
보내주시는 분께는 성안당 쇼핑몰의 포인트(3,000포인트)를 적립해 드립니다.

잘못 만들어진 책이나 부록 등이 파손된 경우에는 교환해 드립니다.

저자 문의 e-mail : choidh4324@gmail.com(최돈화)
본서 기획자 e-mail : coh@cyber.co.kr(최옥현)
홈페이지 : http://www.cyber.co.kr   전화 : 031) 950-6300

머리말

　이 책은 도배 직종에 입문하는 사람이나 현장에서 일하는 기술자들이 '도배기능사 국가기술자격 실기시험'을 치르는 데 필요한 내용을 담아 국내 최초로 펴내는 실기시험 문제해설집입니다.

　사람은 누구나 실기시험이라고 하면 긴장되고 떨리고 당황하여 실수를 하는 경우가 많습니다. 이러한 긴장감을 덜어내기 위해서는 이론의 정립과 기술의 체계화와 많은 기술의 연마가 필요하다고 생각합니다.

　물론 기능에 선천적인 소질이 있다면 좋겠지만 그렇지 않더라도 은근과 끈기를 가지고 꾸준히 기술을 연마한다면 좋은 결과가 있을 것으로 믿습니다. 저자는 "머리 좋은 천재보다 노력하는 천재, 메모 잘하는 천재, 그리고 즉시 실행에 옮겨 시작하는 실행의 천재"가 되라고 조언하고 싶습니다.

　모든 국가자격시험에는 일정한 규정과 법칙이 있습니다. 이러한 규정과 법칙을 빨리 간파하고 이해하여 철저하게 준비한다면 실기시험에 무난히 합격할 것입니다.

　이를테면 운전면허증 시험에도 공식이 있다고 합니다. 그래서 그 공식에 대입하여 연습을 하면 합격할 가능성이 높지만, 그렇게 하지 않고 자만하여 자기 고집대로 시험을 보면 떨어진다는 이야기가 있습니다. 도배기능사 실기시험도 마찬가지입니다. 운전면허증 시험과 같은 원리로 이해하고 준비한다면 좋은 결과가 있을 것입니다.

　이 책은 수험생 여러분이 쉽게 이해할 수 있도록 도배의 모든 것을 이론적으로 체계화하고, 실기과정을 단계별로 기술하여 머리와 몸으로 실행하는 데 많은 도움이 되리라 확신합니다. 아울러 부록으로 도배인뿐만 아니라 일반인들도 알아두면 유용한 내용을 실어 도배의 다양한 지식을 접할 수 있게 하였습니다.

　아무쪼록 이 책을 통해 합격의 영광이 함께 하길 바라며, 앞으로 도배인으로서의 무궁한 발전을 기원합니다.

도배훈련교사 최돈화

❋ NCS(국가직무능력표준) 안내

1 국가직무능력표준(NCS)이란?

국가직무능력표준(NCS, National Competency Standards)은 산업현장에서 직무를 수행하기 위해 요구되는 지식·기술·태도 등의 내용을 국가가 산업부문별, 수준별로 체계화한 것이다.

(1) 국가직무능력표준(NCS) 개념도

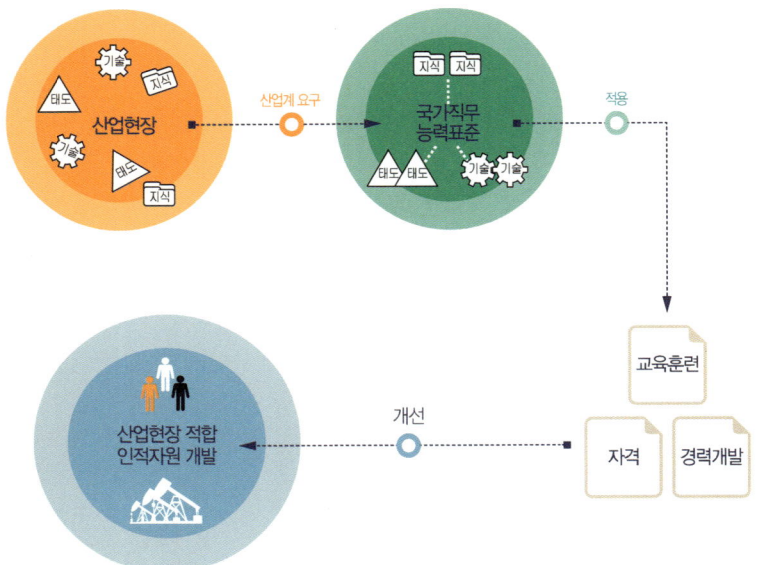

직무능력 : 일을 할 수 있는 On-spec인 능력
① 직업인으로서 기본적으로 갖추어야 할 공통 능력 → 직업기초능력
② 해당 직무를 수행하는 데 필요한 역량(지식, 기술, 태도) → 직무수행능력

보다 효율적이고 현실적인 대안 마련
① 실무 중심의 교육·훈련 과정 개편
② 국가자격의 종목 신설 및 재설계
③ 산업현장 직무에 맞게 자격시험 전면 개편
④ NCS 채용을 통한 기업의 능력 중심 인사관리 및 근로자의 평생경력 개발 관리 지원

(2) 국가직무능력표준(NCS) 학습모듈

국가직무능력표준(NCS)이 현장의 '직무요구서'라고 한다면, NCS 학습모듈은 NCS 능력단위를 교육 훈련에서 학습할 수 있도록 구성한 '교수·학습자료'이다.
NCS 학습모듈은 구체적 직무를 학습할 수 있도록 이론 및 실습과 관련된 내용을 상세하게 제시하고 있다.

2 국가직무능력표준(NCS)이 왜 필요한가?

> 능력 있는 인재를 개발해 핵심 인프라를 구축하고, 나아가 국가경쟁력을 향상시키기 위해 국가직무능력표준이 필요하다.

(1) 국가직무능력표준(NCS) 적용 전/후

지금은
- 직업 교육·훈련 및 자격제도가 산업현장과 불일치
- 인적자원의 비효율적 관리 운용

→ 국가직무능력표준 →

이렇게 바뀝니다.
- 각각 따로 운영되었던 교육·훈련, 국가직무능력표준 중심 시스템으로 전환 (일-교육·훈련-자격 연계)
- 산업현장 직무 중심의 인적자원 개발
- 능력중심사회 구현을 위한 핵심 인프라 구축
- 고용과 평생직업능력개발 연계를 통한 국가경쟁력 향상

(2) 국가직무능력표준(NCS) 활용범위

- 기업체 Corporation
  - 현장 수요 기반의 인력채용 및 인사관리 기준
  - 근로자 경력개발
  - 직무기술서
- 교육훈련기관 Education and training
  - 직업교육훈련과정 개발
  - 교수계획 및 매체, 교재 개발
  - 훈련기준 개발
- 자격시험기관 Qualification
  - 자격종목의 신설·통합·폐지
  - 출제기준 개발 및 개정
  - 시험문항 및 평가 방법

| NCS(국가직무능력표준) 안내 |

3 NCS 분류체계

① 국가직무능력표준의 분류는 직무의 유형(Type)을 중심으로 국가직무능력표준의 단계적 구성을 나타내는 것으로, 국가직무능력표준 개발의 전체적인 로드맵을 제시한다.

② 한국고용직업분류(KECO : Korean Employment Classification of Occupations)를 중심으로, 한국표준직업분류, 한국표준산업분류 등을 참고하여 분류하였으며, '대분류(24개) → 중분류(80개) → 소분류(238개) → 세분류(887개)'의 순으로 구성한다.

③ **수장시공 직무 정의**
수장시공은 실내건축공사의 최종 마무리 단계로 건축물의 미적 아름다움과 내구성 및 사용자의 편의와 쾌적함을 위해 바탕재 및 마감재에 대한 지식을 바탕으로 바닥, 벽, 천장을 꾸미는 일이다.

④ **수장시공 NCS 학습모듈**

분류체계				NCS 학습모듈
대분류	중분류	소분류	세분류(직무)	
건설	건축	건축시공	수장시공	1. 수장시공 도면 파악 2. 수장시공 현장안전 3. 수장시공계획 수립 4. 도배시공 준비 5. 도배 바탕처리 6. 도배지 재단 7. 초배 8. 정배 9. 바닥시공 준비 10. 바닥 정지작업 11. 바닥마감재 설치 12. 검사 마무리 13. 보양 청소 14. 필름 바탕처리 15. 필름 단순구조작업 16. 필름 응용구조작업

⑤ **NCS 능력단별 능력단위요소**

분류번호	능력단위명	수준	능력단위요소
1403020901_14v2	수장시공 도면 파악	2	도면 기본지식 파악하기 기본도면 파악하기 현황 파악하기
1403020902_14v2	수장시공 현장안전	2	안전보호구 착용하기 안전시설물 설치하기 불안전시설물 개선하기

분류번호	능력단위명	수준	능력단위요소
1403020903_14v2	수장시공계획 수립	4	현장조사하기
			설계도서 검토하기
			공정관리 계획하기
			품질관리 계획하기
			안전 환경관리 계획하기
			자재 인력 장비투입 계획하기
1403020904_14v2	도배시공 준비	3	도배 시공상세도 확인하기
			도배 작업방법 검토하기
			도배 세부공정 계획하기
			도배 마감기준선 설정하기
			가설물 설치하기
1403020905_17v3	도배 바탕처리	2	콘크리트면 바탕처리하기
			미장면 바탕처리하기
			석고보드 합판면 바탕처리하기
1403020906_19v3	도배지 재단	2	무늬 확인하기
			치수 재기
			재단하기
1403020907_19v3	초배	2	보수초배 바르기
			밀착초배 바르기
			공간초배 바르기
			부직포 바르기
1403020908_14v2	정배	3	천장 바르기
			벽면 바르기
			바닥 바르기
			장애물 특정 부위 바르기
1403020909_14v2	바닥시공 준비	3	바닥 시공상세도 확인하기
			바닥 작업방법 검토하기
			바닥 세부공정 계획하기
			바닥 마감기준점 설정하기
1403020910_17v3	바닥 정지작업	2	바탕면 고르기
			마감기준점 확인하기
			바탕면 작업하기
			바탕면 양생하기
1403020911_17v3	바닥마감재 설치	3	마감재 검수하기
			마감재 가공하기
			마감재 설치하기
			이음부 마감하기

NCS(국가직무능력표준) 안내

분류번호	능력단위명	수준	능력단위요소
1403020912_16v3	검사 마무리	3	도배지 검사하기 바닥재 검사하기 보수하기
1403020913_17v3	보양 청소	2	보양재 준비하기 보양재 설치하기 해체 청소하기
1403020914_19v3	필름 바탕처리	2	목재면 기초 작업하기 금속면 기초 작업하기 합성수지면 기초 작업하기 석고보드면 기초 작업하기
1403020915_19v2	필름 단순구조작업	2	걸레받이 작업하기 몰딩 작업하기 알판 작업하기 문틀 작업하기 문짝 작업하기 쫄대 작업하기 파티션 작업하기 창틀 작업하기
1403020916_19v2	필름 응용구조작업	3	인테리어필름 재단 작업하기 3단 몰딩 작업하기 크라운몰딩 작업하기 원형모양 작업하기 가구 작업하기 이미지월 작업하기 타 마감공정과의 연계 시공 작업하기 금속 작업하기 등박스 작업하기

✱ 출제기준

도배기능사 실기

| 직무 분야 | 건설 | 중직무 분야 | 건축 | 자격 종목 | 도배기능사 | 적용 기간 | 2024.1.1. ~ 2028.12.31. |

직무 내용 : 건축물의 내부 마무리 공정 중의 하나로 자, 칼, 솔 등의 공구를 사용하여 건축구조물의 천장, 내부 벽, 바닥의 치수에 맞게 도배지를 재단하여 풀 및 접착제를 사용하여 부착하는 등의 직무이다.

수행준거 : 1. 일반도배지 및 특수도배지 바탕처리를 할 수 있다.
2. 각종 도배지 재단을 할 수 있다.
3. 보수초배, 밀착초배, 공간초배 등 각종 초배작업을 할 수 있다.
4. 천장 바르기, 벽면 바르기 등 각종 정배작업을 할 수 있다.

| 검정방법 | 작업형 | 시험시간 | 3시간 정도 |

실기과목명	주요 항목	세부항목	세세항목
도배작업	1. 도배 시공도면 파악	(1) 도면 기본지식 파악하기	① 도면의 기능과 용도를 파악할 수 있다. ② 도면에서 지시하는 내용을 파악할 수 있다. ③ 도면에 표기된 각종 기호의 의미를 파악할 수 있다.
		(2) 기본도면 파악하기	① 도면을 보고 구조물의 배치도, 평면도, 입면도, 단면도, 상세도를 구분할 수 있다. ② 도면을 보고 재료의 종류를 구분하고 가공위치 및 가공방법을 파악할 수 있다. ③ 도면을 보고 재료의 종류별로 시공해야 할 부분을 파악할 수 있다.
		(3) 현황 파악하기	① 도면을 보고 현장의 위치를 파악할 수 있다. ② 도면을 보고 현장의 형태를 파악할 수 있다. ③ 도면을 보고 구조물의 배치를 파악할 수 있다. ④ 도면을 보고 구조물의 형상을 파악할 수 있다.
	2. 도배 시공현장 안전	(1) 안전보호구 착용하기	① 현장 안전수칙에 따라 안전보호구를 올바르게 사용할 수 있다. ② 현장여건과 신체조건에 맞는 보호구를 선택 착용할 수 있다. ③ 현장안전을 위하여 안전에 부합하는 작업도구와 장비를 휴대할 수 있다. ④ 현장안전을 위하여 작업안전보호구의 종류별 특징을 파악할 수 있다. ⑤ 현장안전을 위하여 안전시설물들을 파악할 수 있다.

출제기준

실기과목명	주요 항목	세부항목	세세항목
		(2) 안전시설물 설치하기	① 산업안전보건법에서 정한 시설물설치기준을 준수하여 안전시설물을 설치할 수 있다. ② 안전보호구를 유용하게 사용할 수 있는 필요 장치를 설치할 수 있다. ③ 현장안전을 위하여 안전시설물의 종류별 설치위치, 설치기준을 파악할 수 있다. ④ 현장안전을 위하여 안전시설물 설치계획도를 숙지할 수 있다. ⑤ 현장안전을 위하여 구조물 시공계획서를 숙지할 수 있다. ⑥ 현장안전을 위하여 시설물 안전점검 체크리스트를 작성할 수 있다.
		(3) 불안전시설물 개선하기	① 현장안전을 위하여 기설치된 시설을 정기점검을 통해 개선할 수 있다. ② 측정장비를 사용하여 안전시설물이 제대로 유지되고 있는지를 확인하고 유지되고 있지 않을 시 교체할 수 있다. ③ 현장안전을 위하여 불안전한 시설물을 조기 발견 및 조치할 수 있다. ④ 현장안전을 위하여 불안전한 행동을 줄일 수 있는 방법을 강구할 수 있다. ⑤ 현장안전을 위하여 안전관리요원의 교육을 실시할 수 있다.
	3. 도배 시공 준비	(1) 도배 시공상세도 확인하기	① 현장여건을 반영하여 시공상세도를 해독할 수 있다. ② 마감작업이 바닥, 벽체 및 천장 마감선에 맞추어 시공 가능한지를 확인할 수 있다. ③ 시공상세도를 확인하여 바닥, 벽체 및 천장 매설물의 여부를 파악할 수 있다. ④ 시공상세도를 확인하여 줄눈 및 이질 바닥 이음부를 파악할 수 있다.
		(2) 도배 작업방법 검토하기	① 공정에 따른 작업순서에 맞춰 자재반입일정을 수립할 수 있다. ② 자재의 종류와 특성을 고려하여 작업방법을 선정할 수 있다. ③ 시공성을 고려하여 작업방법을 검토하고, 책임자와 협의할 수 있다. ④ 공사의 진척사항을 파악하여 다른 공정과의 간섭을 방지할 수 있다.

실기과목명	주요 항목	세부항목	세세항목
		(3) 도배 세부공정 계획하기	① 공사특성, 작업조건을 고려하여 세부공정계획을 수립할 수 있다. ② 세부공정표를 고려하여 인력, 자재, 장비 수급계획을 수립할 수 있다. ③ 타 공종과의 간섭사항을 파악할 수 있다. ④ 공사 지연에 따른 대비책을 수립할 수 있다.
		(4) 도배 마감기준선 설정하기	① 설정된 기준점을 확인하여 바닥, 벽체 및 천장 공사의 마감기준점과 높이를 표시할 수 있다. ② 먹매김을 통해 마감자재 나누기 점을 표시할 수 있다. ③ 마감기준점을 확인하여 잘못 설정되었을 경우 수정할 수 있다.
		(5) 가설물 설치하기	① 공사 규모와 방법에 따라 필요한 가설물을 파악할 수 있다. ② 가설물 설치에 필요한 가설재의 소요량을 산출할 수 있다. ③ 가설물 설치에 따른 안전성을 검토할 수 있다. ④ 작업이 완료될 때까지 가설물의 이전이 최소화되도록 최적 위치를 선정할 수 있다. ⑤ 가설물 해체에 대비해서 해체방안을 마련할 수 있다.
	4. 도배 바탕처리	(1) 콘크리트면 바탕 처리하기	① 쇠주걱, 정, 망치를 사용하여 콘크리트면 바탕을 면 고르기 할 수 있다. ② 바탕면을 확인하여 오염물을 제거할 수 있다. ③ 바탕면을 확인하여 균열, 구멍을 퍼티로 메울 수 있다. ④ 건조된 퍼티의 자국을 일직선 또는 타원형 방향으로 연마하여 표면처리할 수 있다.
		(2) 미장면 바탕처리하기	① 그라인더를 사용하여 미장면 바탕을 면 고르기 할 수 있다. ② 바탕면을 확인하여 균열을 퍼티로 메울 수 있다. ③ 건조된 퍼티의 자국을 일직선 또는 타원형 방향으로 연마하여 표면처리할 수 있다.
		(3) 석고보드 합판면 바탕처리하기	① 석고보드·합판의 돌출된 타카핀을 보수하여 바탕면을 처리할 수 있다. ② 석고보드·합판의 이음 부분을 보수초배할 수 있다. ③ 합판면을 밀착초배 또는 바인더를 도포할 수 있다.

출제기준

실기과목명	주요 항목	세부항목	세세항목
	5. 도배지 재단	(1) 무늬 확인하기	① 정배지를 확인하여 무늬의 종류를 파악할 수 있다. ② 정배지의 재단을 위해 무늬간격을 파악할 수 있다. ③ 설계도서와 현장여건을 비교하여 무늬 조합을 파악할 수 있다.
		(2) 치수 재기	① 현장여건을 고려하여 정배지의 무늬를 조합할 수 있다. ② 측정도구를 사용하여 시공면의 길이와 폭을 측정할 수 있다. ③ 실측한 시공면치수를 기준으로 필요한 도배지의 소요량을 결정할 수 있다.
		(3) 재단하기	① 현장여건을 고려하여 작업공간을 선정하고, 기계도구를 배치할 수 있다. ② 현장여건과 자재특성을 고려하여 재단작업을 할 수 있다. ③ 받침대가 일직선을 유지하도록 고정할 수 있다. ④ 도배 풀기계를 활용하여 도배지를 재단할 수 있다. ⑤ 천장, 벽, 바닥의 순서로 치수에 맞춰 재단할 수 있다.
	6. 초배	(1) 보수초배 바르기	① 천장, 벽을 확인하여 틈이 난 곳은 틈을 메울 수 있다. ② 초배지를 벌어진 부분의 크기에 맞춰 재단할 수 있다. ③ 안지보다 겉지를 넓게 재단하여 전체 풀칠하고, 겉지 위에 안지를 바를 수 있다. ④ 공장에서 생산된 보수초배지를 사용하여 시공할 수 있다.
		(2) 밀착초배 바르기	① 도배할 바탕에 좌우 또는 원을 그리며 골고루 풀칠할 수 있다. ② 초배지를 마무리 솔로 골고루 솔질하여 주름과 기포가 발생하는 것을 방지할 수 있다. ③ 초배지를 일정 부분 겹치도록 조절하여 바를 수 있다. ④ 도배 풀기계로 재단하여 밀착초배 바르기를 할 수 있다. ⑤ 이질재 바탕면은 바인더를 칠하여 바탕에서 배어 나옴을 방지할 수 있다. ⑥ 수축, 팽창에 대비하여 보강 밀착초배 바르기를 할 수 있다.

실기과목명	주요 항목	세부항목	세세항목
		(3) 공간초배 바르기	① 초배지의 외곽 부분에 일정한 간격으로 풀칠할 수 있다. ② 첫 번째 초배지를 일정 거리를 두고, 마무리 솔로 솔질하여 바를 수 있다. ③ 초배지를 일정 부분 겹치도록 조절하여 바를 수 있다. ④ 돌출코너 높이에서 하단 부분은 초배지를 일정 부분 보강해서 바를 수 있다.
		(4) 부직포 바르기	① 부직포 시공면의 양쪽 가장자리와 상단에 접착제를 도포할 수 있다. ② 첫 번째 부직포를 하단부터 수평으로 바르고, 상단을 바를 수 있다. ③ 상·하 부직포의 겹친 부분은 접착제로 시공할 수 있다.
	7. 정배	(1) 천장 바르기	① 재단된 도배지에 수작업으로 풀칠 및 주름접기 작업을 할 수 있다. ② 도배 풀기계를 사용하여 도배지 재단, 풀칠 및 주름접기 작업을 할 수 있다. ③ 도배지 특성에 따라 일정 시간 경과 후 도배 작업을 할 수 있다. ④ 마무리 칼을 사용하여 간섭 부분을 마무리 처리할 수 있다. ⑤ 주름과 기포가 발생하는 것을 방지하기 위해 정배솔을 사용하여 골고루 솔질하고, 무늬를 정확하게 맞출 수 있다. ⑥ 도배지의 이음방향은 출입구에서 겹침선이 보이지 않도록 바를 수 있다.
		(2) 벽면 바르기	① 재단된 도배지에 수작업으로 풀칠 및 주름접기 작업을 할 수 있다. ② 도배 풀기계를 사용하여 도배지 재단, 풀칠 및 주름접기 작업을 할 수 있다. ③ 도배지를 풀칠한 순서대로 무늬를 맞춰 바를 수 있다. ④ 도배지의 이음방향은 출입구에서 겹침선이 보이지 않도록 바를 수 있다. ⑤ 마무리 칼을 사용하여 벽면 구석 부분을 마무리 처리할 수 있다. ⑥ 정배솔을 사용하여 도배지를 물바름방식으로 바를 수 있다.

실기과목명	주요 항목	세부항목	세세항목
		(3) 바닥 바르기	① 장판지를 동일한 규격으로 나누고, 첫 장의 위치를 올바르게 설정하여 바를 수 있다. ② 바르기 적합하게 장판지를 물에 불릴 수 있다. ③ 장판지를 바르기에 적합한 풀을 배합하여 보관할 수 있다. ④ 장판지를 따내기하여 일정한 간격으로 겹쳐 바를 수 있다. ⑤ 벽지와 장판지 작업이 완료되면 걸레받이를 바를 수 있다.
		(4) 장애물 특정 부위 바르기	① 장애물을 고려하여 재단한 도배지에 풀칠할 수 있다. ② 풀칠한 도배지를 장애물 주위에 순서대로 바를 수 있다. ③ 장애물 주위의 도배지를 주름 없이 무늬를 맞춰 바를 수 있다. ④ 특정 부위에 맞는 접착제를 사용하여 도배지를 바를 수 있다.
	8. 검사 마무리	(1) 도배지 검사하기	① 도배지의 시공품질을 확인하기 위하여 검사 체크리스트를 작성할 수 있다. ② 육안검사를 통하여 기포, 주름 및 처짐이 없는지, 무늬가 맞는지를 검사할 수 있다. ③ 도배지의 이음방향 및 이음처리를 검사할 수 있다. ④ 타 공종 및 장애물과의 간섭 부위에 대한 마감 처리를 검사할 수 있다.
		(2) 보수하기	① 보수유형별 발생원인을 분석하고 보수방법을 결정할 수 있다. ② 보수방법에 따른 자재, 인력, 장비의 투입시기를 파악하고 보수할 수 있다. ③ 주위의 마감재가 손상 및 오염되지 않도록 보양하고 보수할 수 있다. ④ 보수작업 시 타 공종에 이차적인 피해를 끼칠 수 있는지를 파악하고 보수할 수 있다. ⑤ 보수작업 후 선행작업 부위와 미관상 부조화 여부를 파악할 수 있다. ⑥ 보수가 완료되면 마무리작업을 할 수 있다.

실기과목명	주요 항목	세부항목	세세항목
	9. 보양 청소	(1) 보양재 준비하기	① 바닥재의 오염 및 보양기간을 고려하여 보양재를 준비할 수 있다. ② 바닥재를 보호하기 위하여 자재특성에 맞는 보양재를 준비할 수 있다. ③ 기후변화에 따른 보양재와 방법을 준비할 수 있다. ④ 해체 및 청소가 용이하고, 친환경적인 보양재를 준비할 수 있다. ⑤ 외부 바닥재의 경우 직사광선, 우천에 대비하여 시트 등을 추가로 준비할 수 있다.
		(2) 보양재 설치하기	① 작업여건을 고려하여 보양방법을 선택할 수 있다. ② 기후변화에 따른 조치작업을 할 수 있다. ③ 보행용 부직포, 스티로폼, 합판 등의 바닥보호재를 설치할 수 있다. ④ 바닥재 특성에 따라 일정 기간 보양재를 설치하고 유지관리할 수 있다. ⑤ 보양재로 인한 바닥재의 오염·훼손 방지대책을 수립할 수 있다. ⑥ 타 공정의 간섭관계를 고려하여 안전관리대책을 수립할 수 있다.
		(3) 해체 청소하기	① 바닥재가 오염 및 훼손되지 않도록 보양재를 해체할 수 있다. ② 현장 청소를 위하여 안전보호구 및 청소도구를 준비할 수 있다. ③ 바닥재가 오염·훼손되지 않도록 청소할 수 있다. ④ 관련 법규에 의거하여 해체된 보양재를 처리하여 현장을 정리정돈할 수 있다.

차례

제1편 도배(塗褙)와 벽지(壁紙)

제1장 도배 입문 자세 / 3
1. 마음의 각오와 자세 ··· 3
2. 정신자세 ··· 3

제2장 도배(塗褙) / 5
1. 도배(塗褙 · papering · とべ)의 개요 ·· 5
2. 도배 상품의 정의 ·· 5
3. 도배의 발전과 비전 ··· 5
- ❖ 도배에 필요한 도구 ·· 7

제3장 도배 평수 내는 방법 / 9
1. 견적을 내기 위한 노하우 ··· 9
2. 도배 평수 내는 방법 ··· 9
3. 가정에서 쉽게 도배 평수 내는 방법 ·· 12

제4장 벽지(壁紙) / 14
1. 벽지(壁紙 · Wallpaper · Wallcovering)의 개요 ······························ 14
2. 벽지의 특징 ··· 16
3. 벽지의 선정 방법 ··· 18
4. 벽지 색상의 선택 ··· 20
5. 벽지의 색 지식 ·· 24
6. 벽지의 종류 ··· 27
7. 벽지의 소재별 분류 ··· 29
8. 시트(Sheet)지 ·· 33
9. 한지(韓紙) ··· 40

제5장 도배 시공 / 43
1. 시공의 기본 용어 및 도구 ·· 43
2. 도배지(塗褙紙)에 따른 단계별 시공 ··· 45
3. 현장 상황에 따른 도배 시공의 유형 ·· 58
- ❖ 도배지 시공 모습 ··· 61

| 제6장 | 도배 작업 시의 안전교육 / 66 |

제 2 편 도배기능사 국가기술자격 실기시험 문제해설

| 제1장 | 도배기능사 수험정보 / 69 |

1. 도배기능사의 개요 ·· 69
2. 도배기능사 실기시험 정보 ·· 70

| 제2장 | 도배기능사 공개문제(2025년 시행) / 73 |

1. 요구사항 ·· 73
2. 수험자 유의사항 ·· 75
3. 공개문제 도면 ·· 77

| 제3장 | 도배기능사 실기시험 해설 / 81 |

1. 가설물 도면에 의한 실기시험 해설 ·· 81
2. 단계별 시공(작업)순서 및 각론 해설 ·· 89
3. 광폭 합지 시공방법 ·· 99
4. 가장 어려운 '실크벽지(silk 壁紙)' 시공방법 ·· 100

❖ 저자가 생각하는 도배기능사 실기시험의 기준 ·· 103
❖ 2025년도에 수정·보완된 도배기능사 실기시험 요약해설 ···························· 105

제 3 편 부 록

| 제1장 | 각 장판지 깔기(바르기) / 111 |

1. 바닥을 띄우지 않고 시공할 경우 ·· 111
2. 전면 10cm를 띄우는 경우 ·· 114
3. 전면 20cm를 띄우는 경우 ·· 115

| 제2장 | 컬러 테라피(Color therapy) / 136 |

1. 색의 효과(Color effect) ·· 136
2. 색의 종류 ·· 136
3. 색깔별 효과 ·· 138

| 차례 |

제3장 실내 인테리어에 활용되는 색 / 139
    1. 실내 인테리어 시 고려할 점 ·············· 139
    2. 아이방 ·············· 140
    3. 침실 및 욕실 ·············· 140
    4. 거실 및 부엌 ·············· 141
    5. 천장·벽·바닥 ·············· 143

제4장 아이방 도배하기 / 144
    1. 아이방의 도배 문화는? ·············· 144
    2. 아이방의 벽지 선택 ·············· 144
    3. 맞춤형 퓨전 도배 ·············· 145
    4. 아이 성격에 따른 벽지 색깔 선택 ·············· 145
    ❖ 실제 아이방 도배지 시공 예 ·············· 148

제5장 새집증후군 예방 / 151
    1. 인체에 무해한 벽지 제조 ·············· 151
    2. 새집증후군 예방 방법 ·············· 151
    3. 실내 공기 정화 식물 ·············· 152

제6장 한국의 도배 현실 및 비전 / 155
    1. 한국 벽지의 변천 과정 ·············· 155
    2. 우리나라 도배의 사회 인식과 비전 ·············· 156

제7장 래커도장 6단계 / 157

제8장 도배인은 유산소 운동을 해야 한다 / 158

제9장 등산과 트레킹 / 159
    1. 등산(산행)과 트레킹의 비교 ·············· 160
    2. 산인오조(山人五條) ·············· 160
    3. 도배인의 오조(五條) ·············· 161

제10장 종이의 역사와 유래 / 162

제11장 도배(塗褙)는 무엇으로 하는가? / 164

제12장 도배의 장단점 / 166
    1. 장점 ··· 166
    2. 단점 ··· 166

제13장 도배 시공 용어 정리 / 168

제14장 접착제와 도배지 / 170
    1. 비초산형 실리콘 실런트(silicone sealant) ··· 170
    2. 아크졸(강력 접착제) ·· 171
    3. 도배와 필름의 상관관계 비교 ··· 172
    4. 여러 특수 벽지의 분류 ·· 173
    5. 특수 벽지(초경 벽지·섬유 벽지)의 특징 및 시공 방법 ··· 175
    6. 벽지의 규격 ··· 177

PART 01

도배(塗褙)와 벽지(壁紙)

도배기능사 실기문제 해설집

Chapter 01 도배 입문 자세

1 마음의 각오와 자세

(1) 과거를 잊어버려라.
(2) 자존심을 냉동실에 보관하라.
(3) 고정관념을 버려라.
(4) 긍정적인 사고방식을 가져라.
(5) 언제나 배운다는 자세로 임하라.
(6) 언제 어디서나 앉으나 서나 도배 생각을 하라.
(7) 도배를 혼자서만 하려고 하지 마라.
(8) 동료와 같이 일을 하려고 노력하라.
(9) 대인관계를 원만히 하라.
(10) 일이 생기면 서로 불러서 같이 일하는 분위기를 만들어라.
(11) 팀워크(Teamwork)를 구성하라.

2 정신자세

(1) **적극적인 자세**
    나는 이 일을 해야만 한다. - 절실한 마음

(2) **흔들리지 않는 자세**
    나는 이 일 외에는 다른 직업(Job)은 생각하지 않는다.

(3) **확고한 신념**
    나는 오로지 도배만 한다.

(4) **정신통일**
    나는 앉으나 서나 도배 생각만 한다.

도배기능사 실기문제 해설집

(5) 프로정신 자세

나는 도배 기술자(기능사)가 되고 만다.

도배 기술을 습득하는 과정에서 제일 어려운 점이 있다면...

1. "자기 자신하고의 싸움이다." 일을 하면서는 이 생각 저 생각, 할까 말까 등의 잡생각은 금물이다. 이러한 여러 가지 생각 때문에 계획은 작심삼일(作心三日)이 되고, 결국은 아무것도 이루지 못하고 세월만 보내게 된다.
2. 일은 자기가 좋아해야 되고 "일에 미쳐야 한다." 그렇지 않고는 어려운 일을 극복할 수가 없다.
3. 도배는 신용이며, 사회는 인간관계로 형성된다. "신용으로 시작해서 신용으로 끝나는 것이 도배"이다.
4. "노력해야 가능성이 있다고 생각하면 노력하라!" 노력하면 하고자 하는 일이 이루어 질 것이고, 또한 긍정적인 사고와 즐거운 마음을 가져야 정신적·육체적 건강에 이로울 것이다.

흐르는 세월에 변화무쌍하게 변해가는 세상 못지 않게 벽지 세계와 도배 세계도 나날이 변모하고 있다. 따라서 도배(塗褙) 학문과 도배 기술에 있어서 체계적인 학문의 정립과 기술의 정립이 필요한 시점이 도래되었다고 하여도 과언은 아닐 것이다.

Chapter 02 도배(塗褙)

1 도배(塗褙 · papering · とべ)의 개요

도배란 종이 벽지나 실크 벽지, 특수 벽지 등의 벽지로 천장(반자 · Ceiling)과 벽(Wall), 장지문 등에 바르는 작업을 뜻한다.

> ◎ 한자 풀이
> 塗 : 바를 '도', 褙 : 배접할 '배'

또한 바탕면에 벽지(壁紙 · Wallpapering · Wallcovering)가 떨어지지 않게, 아름답게(예쁘게), 신속하게, 정확하게 시공하는 작업이다.

- 장지(壯紙) : 두 겹 또는 세 겹으로 두껍게 만든 한지로, 질기고 질이 좋다.

도배는 "미(美)를 창조하는 예술이다."라고 정의할 수 있다. 다시 말하면 아름다움을 만들어 내는 순수한 작업이다.

2 도배 상품의 정의

도배(塗褙, Dobae)는 정직한 상품이다. 다시 말하면 거짓 작품을 만들 수가 없기 때문이다. 도배는 바르고(붙이고) 나면 그대로 나타나기 때문에 거짓을 할 수 없다는 뜻이다. 또한 도배는 사람만이 할 수 있는 인적 서비스를 반드시 필요로 한다.

3 도배의 발전과 비전

(1) 도배의 발전

건축 문화의 발달과 건축 양식이 다양화되면서 건축 문화가 나날이 발전해 나가고 있다. 따라서 벽지도 웰빙(Well-being) 트렌드(trend)에 맞춰 질이 좋고, 인체에 무해한 벽지가 출시되었으며, 도배의 시공 방법도 발전되어 도배기능사들이 빠른 시간 내에 신속하게 시공할 수 있도록 새로운 도배 도구 및 공구들이 출시되고 있다.

(2) 도배의 비전(Vision)

건축 문화의 발전으로 아파트(APT), 연립주택, 빌라, 개인주택 등 다양한 형태의 건축물이 대량으로 신축되고 있으며, 기존의 건물도 유지 관리가 꼭 필요하기 때문에 도배의 앞날은 밝다.

그러나 도배 기술은 개인의 능력과 기량에 따라 많은 차이가 난다. 따라서 각자의 노력이 뒷받침되어야 한다. 즉 각고의 노력이 있어야 도배기능사로서의 앞날이 보장된다.

아무튼 중요한 것은 도배는 영원히 존재한다는 사실이다. 도배기능사(기술사)들이 도배 이론과 실무를 공부하고 연마하는 것을 게을리하지 않고 꾸준히 노력한다면 비전은 있다.

어느 분야의 직업도 마찬가지겠지만 사회적인 관심과 대우를 받기 위해서는 노력하는 자세와 연구하는 자세, 그리고 협심하는 마음의 자세가 필요하다.

도배 분야는 비전이 있으며, '학문으로서의 연구'를 하는 사람들이 많이 배출되고 '체계적인 기술의 정립과 공유화' 등을 이룬다면 도배 분야에 대한 사회적인 인식이 많이 달라질 것이다.

PART 01 | 도배(塗褙)와 벽지(壁紙)

도배에 필요한 도구

[사진 1-1] 작업등

[사진 1-2] 작업선(릴선)(위), 히터(일명 돼지꼬리)(중앙), 야간 작업등(아래)

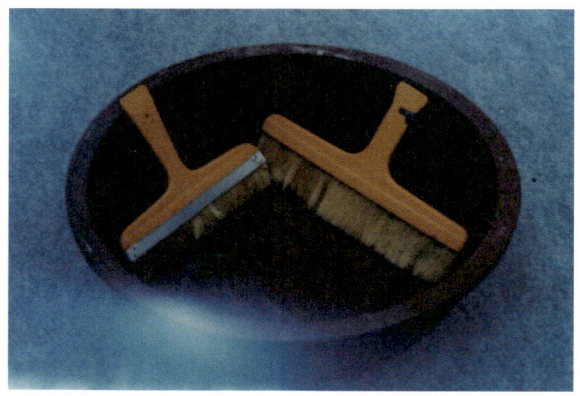

[사진 1-3] 풀대야와 풀솔, 빡빡이솔

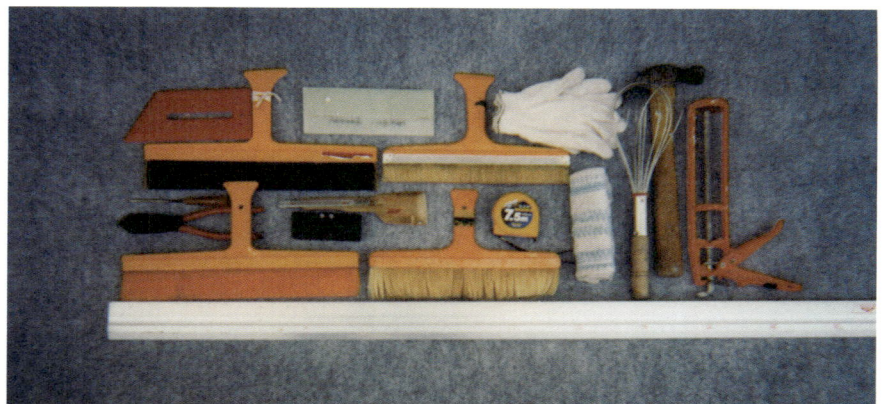

[사진 1-4] 각종 도배 도구(1)

[사진 1-5] 각종 도배 도구(2)

Chapter 03 도배 평수 내는 방법

1 견적을 내기 위한 노하우

도배를 하기 위해 견적을 낼 때의 순서는 다음과 같다.

첫째, 도배 평수를 내고
둘째, 주재료비 구입가에 적정 이윤을 붙여야 하고
셋째, 부자재 구입가에 적정 이윤을 붙여야 하며
넷째, 인건비와 식대 및 간식비, 음료수비 등을 포함시켜야 한다.

물론 이 중에서 제일 중요한 것은 도배 평수를 낼 줄 알아야 한다는 것이다.
도배 평수를 내는 데 있어서는 소비자의 의사표현에 따른 도배 평수 내는 법을 알아야 한다. 좀 나이가 있으신 분들은 "우리 방은 가로세로가 몇 자 몇 자입니다." 혹은 "가로세로가 몇 미터 몇 미터입니다.", "가로세로가 몇 센티미터 몇 센티미터입니다." 등으로 표현한다.
이렇게 제각각인 소비자가 어떠한 방법으로 말을 하더라도 도배기능사(기술자)라면 고객의 의사표현에 따라 도배 평수를 낼 줄 알아야 하며, 또한 견적도 낼 줄 알아야 한다. 만약 계산능력이 좀 부족하다면 능력을 배양하여야 할 것이다.

2 도배 평수 내는 방법

(1) APT는 평형의 2배 : 무지일 경우

●예 15평형×2배=30평(도배 평수)

단, 건축연수가 오래된 주공APT와 같이 구조가 복잡한 APT는 구조에 따라 도배 평수가 더 나올 수 있다. 이유는 벽이 많고, 유리문이 작거나 없기 때문이다.

(2) 방과 거실의 도배지 색깔을 달리 선택하는 경우
   ① 방(천장+벽)
      가로×세로÷3.3058=☐×(3.3~4배)=도배 평수
   ② 거실
      ㉠ 천장 : 가로×세로÷3.3058=도배 평수
      ㉡ 벽 : 벽 둘레길이×벽 높이÷3.3058=도배 평수
   ③ 천장과 벽의 도배지 색깔을 달리 선택하는 경우
      ㉠ 천장 : 가로×세로÷3.3058=도배 평수
      ㉡ 벽 : 벽 둘레길이×벽 높이÷3.3058=도배 평수
      ●예 • 벽 둘레길이=3,310cm(=33.1m)
           • 벽 높이=220cm(=2.2m)
             33.1m×2.2m÷3.3058=22평
           • 벽 상단 높이=140cm(=1.4m)
             33.1m×1.4m÷3.3058=14평
           • 벽 하단 높이=80cm(=0.8m)
             33.1m×0.8m÷3.3058=8평
         ※ 3.3058를 곱하는 것이 아니고 나누는 것임.

(3) 자수법
   ① 자를 곱하여 1평의 자인 36자로 나누는 계산 방법이다.

   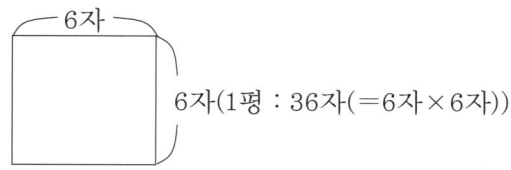
   6자(1평 : 36자(=6자×6자))

   ② 공식 : '가로×세로÷36=도배 평수'에서 로스(Lose)분 10%를 가산한다면
      공식은 (가로×세로÷36)×1.1=도배 평수
      ●예 • 5자×7자÷36=0.9≒1평
           • 9자×12자÷36=3평
           • 11자×12자÷36=3.7≒4평

(4) 환산법
① 자를 cm로 환산하거나, m로 환산한다.
② 1자≒30.3cm=0.3m

   예 • 9자×30.3cm=272.7≒273cm
       • 12자×30.3cm=363.6≒364cm
       • (273cm×364cm÷10,000)÷3.3058=3평
       • 2.73m×3.64m÷3.3058=3평

(5) 천방전법
① 천장 평수로 방 전체(천장+벽)의 도배 평수를 내는 방법이다.
② 공식 : 가로×세로÷3.3058×(3.3~4배)=방 전체 도배 평수

   예 • 2.73m×3.64m÷3.3058×3.3배=10평
                        ×3.5배=10.5평
                        ×4배=12평

(6) 적산법(평방미터법)
① 미터를 곱하여 1평의 제곱미터인 3.3058m²로 나누는 계산 방법이다.

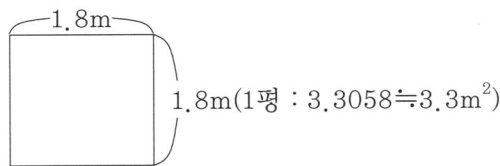

② 공식 : '가로×세로÷3.3058=도배 평수'에서 로스(Lose)분 10%를 가산한다면 공식은 (가로×세로÷3.3058)×1.1=도배 평수

   예 • (400cm×300cm÷10,000)÷3.3058=3.6평
       • (4m×3m÷3.3058)×1.1=3.96평
       • (440cm×360cm÷10,000)÷3.3058=4.8평
       • (4.4m×3.6m÷3.3058)×1.1=5.3평

도배기능사 실기문제 해설집

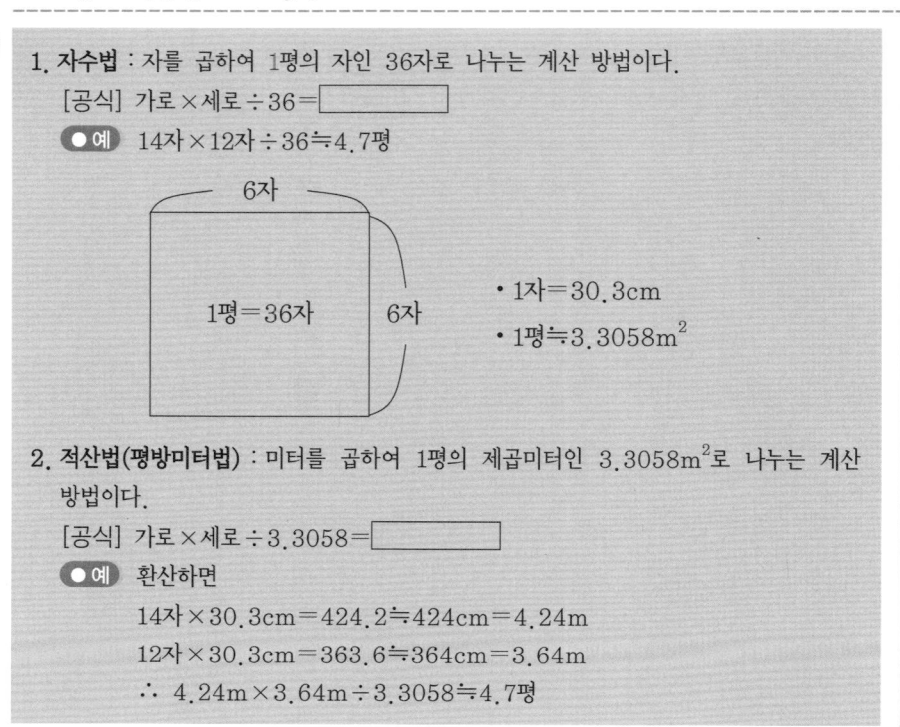

자수법과 적산법 비교 설명

1. **자수법** : 자를 곱하여 1평의 자인 36자로 나누는 계산 방법이다.
   [공식] 가로×세로÷36=☐
   ● 예 14자×12자÷36≒4.7평

   - 1자=30.3cm
   - 1평≒3.3058m^2

2. **적산법(평방미터법)** : 미터를 곱하여 1평의 제곱미터인 3.3058m^{2}로 나누는 계산 방법이다.
   [공식] 가로×세로÷3.3058=☐
   ● 예 환산하면
      14자×30.3cm=424.2≒424cm=4.24m
      12자×30.3cm=363.6≒364cm=3.64m
      ∴ 4.24m×3.64m÷3.3058≒4.7평

3 가정에서 쉽게 도배 평수 내는 방법

(1) 적산법(천장)

① 천장 평수 : 가로×세로÷3.3=도배 평수+Lose분 10%

② 전체 도배 평수를 낼 때는 천장 도배 평수에 3.3~3.5배를 곱하면 전체 도배 평수를 알 수 있다.

(2) 폭수법(벽)

천장은 적산법으로 하고, 벽은 폭수를 세어서 평수를 내는 방법도 있다.

일반적으로 APT는 벽 높이가 230cm(=2.3m)이지만, 주택은 벽이 높을 경우 240cm (=2.4m)이다. 그러므로 벽지 종류에 따라 나오는 폭수를 미리 알고 있어야 한다.

① 합지 소폭(폭 53cm)은 1롤(1Roll · 마끼)일 경우 5폭 나옴(2평 기준).
　• 무지일 경우
② 합지 중폭(폭 65cm)은 1롤일 경우 6폭 나옴(2평 기준).
　• 무지일 경우
③ 합지 장폭(폭 79.5cm)은 1롤일 경우 8폭 나옴(5평 기준).
　• 무지일 경우
④ 합지 광폭(폭 93cm)은 1롤일 경우 7폭 나옴(5평 기준).
　• 무지일 경우
⑤ 실크지(폭 106cm)는 1롤일 경우 6폭 나옴(5평 기준).
　• 무지일 경우

이러한 것을 알고 폭수를 세면 도배 평수를 쉽게 알 수 있다.

예 합지 광폭인 경우 세어서 14폭이 나오면
　　　14폭÷7폭＝2Roll, 즉 10평이라는 것을 알 수 있다.

Chapter 04 벽지(壁紙)

1 벽지(壁紙 · Wallpaper · Wallcovering)의 개요

(1) 벽지란?

벽지(도배지)는 천장(Ceiling, 반자)과 벽(Wall), 장지문 등에서 나오는 바람을 막는 종이라는 뜻이다.

> ◎ 한자 풀이
> 壁 : 벽 '벽', 紙 : 종이 '지'

그러나 벽지는 이러한 뜻 이외에
① 생활 분위기의 변화
② 성격의 변화
③ 심미적(心美的) 영향 등 우리 생활문화에 많은 영향을 미친다.

(2) 글자의 표기

구 분	표 기	비 고
한글	돼배 → 도배	
한문	塗褙	종이를 벽(Wall)이나 반자(Ceiling), 장지문 등에 바르는 작업
영어	Papering	도배지(Wallpaper) 도배장이(a paperhanger)
일어	とべ · とばい	

(3) 단지(但紙)란?

단지(但紙, alone paper, single paper)는 종이가 한 겹으로 된 얇은 종이를 말한다.

> ◎ 한자 풀이
> 但 : 홀로 '단', 紙 : 종이 '지'

(4) 합지(合紙)란?

합지(合紙, duples, 이중의 paper)는 종이를 두 겹으로 합하여 제조한 종이 벽지를 말한다. 이러한 벽지를 '중간 분리형 이중지, peelable'이라고 한다.

합지는 '묵은 벽지'를 제거할 때 종이의 중간이 분리되어 한 자락은 벽면에 그대로 부착되어 있고, 벽지 표면은 껍질을 벗기는 것처럼 떨어지도록 되어 있다.

이를테면 중간 분리형으로 되어 있는 벽지는 합지, 실크지, 발포지, 타일 벽지, 특수 벽지 등이 있다.

합지는 벽지 한 자락이 바탕면에 그대로 부착되어 있어 '초배지 대용'으로 활용할 수 있기 때문에 경제적이기도 하다.

(5) 실크(silk)지란?

종이 원지 위에 비닐이 코팅된 벽지를 말한다. 졸(sol)이 코팅되는 두께는 대략 0.2~0.3m/m정도이다.

(6) 재단(裁斷, cutting)이란?

① 도배지(벽지)를 천장(ceiling, 반자)이나 벽(wall)의 바탕면에 바르기 위해서 치수 재기를 한 치수를 정확히 자르는(도련) 작업을 재단이라 한다.

> ◎ 한자 풀이
> 裁 : 결단할, 마름질할 '재', 斷 : 끊을 '단'

② 재단을 하기 위한 요령
  ㉠ 도배지(벽지)를 어떻게 바를 것인가에 대한 방향을 설정하여야 한다.
  ㉡ 시공면을 실측하여야 한다(실측 선행).

참고

1. **초배지의 종류 및 규격**

종 류	규 격
각 초배지	47cm×88m
롤 초배지	110cm×22.5m
운용지	70cm×97m
롤 운용지	97cm×17.5m
롤 부직포(T/C지)	98cm×60m
절단 부직포(T/C지·배접)	54.5cm×18.2m

2. 종이 벽지의 종류 및 규격

종류	규격	비 고
단지	53cm×12.5m	2평이 1롤
합지	53cm×12.5m 65cm×15.25m 79.5cm×20.8m 93cm×17.75m	2평이 1롤 3평이 1롤 5평이 1롤 5평이 1롤

3. 실크(Slik) 벽지의 종류 및 규격

종류	규격
실크(Slik) 벽지	106cm×15.5m
발포 벽지	93cm×17.25m 106cm×15.5m

2 벽지의 특징

(1) 벽지의 기능

벽지는 소재와 색상, 그리고 디자인에서 다른 건축용 마감재보다 많은 다양성을 갖고 있다고 할 수 있다.

벽지는 실내 마감재로서 경제적인 가격과 다양한 선택의 폭을 가지고 있으며, 건물 내벽의 콘크리트, 블록이나 벽돌, 합판, MDF, 각종 보드 종류 등의 재질감으로 딱딱하거나 거칠고 찬 느낌이 드는 공간을 '부드럽고 분위기 있는 실내'로 바꾸어 준다. 또한 벽지에 실용성이 가미된 방염 벽지, 오염 벽지, 방음 벽지 등 기능성 벽지들이 생산되면서 미장 효과 이외에 실용성의 다양한 역할을 겸하고 있다.

한편 시공을 편리하게 하기 위한 기능도 많이 발달되어 있다. 재도배 시 묵은 벽지를 쉽게 떼어낼 수 있도록 벽지의 이지(裏紙)가 갈라져 쉽게 떼어지게 만든 중간 분리형(Peelable) 벽지인 실크나 합지 등의 벽지와, 완전히 떼어지는 완전 분리형(Strippable) 벽지인 필름, 시트지 등이 있다.

또한 시공을 간편하게 하기 위하여 이지 뒷면에 접착제가 도포되어 있어 바를 때 물만 칠하여 바를 수 있는 프리페이스트(Prepasted) 벽지도 있다.

• 접착 시트 : 물+중성 세제 3방울-FixPix 시공(유리에 시공함)

그리고 접착제(테이프의 끈끈한 성질)가 묻어 있어 바를 때 그냥 바를 수 있는 접착형 벽지인 '패브릭 벽지' 등도 있다.

참고

1. **중간 분리형 이중지(Peelable) 벽지**
   합지, 실크지, 지사 벽지, 스트링 벽지, 한지 벽지, 발포 벽지 등
2. **완전 분리형(Strippable) 벽지**
   직물로 배접된 비닐 벽지, 필름, 시트지 등

(2) 디자인의 분류

디자인의 효과를 내기 위하여 다양하게 여러 가지 기법이 발전되어 왔다.

① 디자인 효과를 내는 제조 기법들

　㉠ 인쇄 제조 기법 : 그라비아 인쇄, 플렉스 그래픽 인쇄, 로터리 스크린 인쇄, 실크 스크린 인쇄

　㉡ 발포 제조 기법 : 발포 벽지, 케미컬 벽지, 질석 벽지

　㉢ 엠보 제조 기법 : 종이 엠보 벽지, 비닐 엠보 벽지, 부직포 벽지

　㉣ 염색 가공 기법 : 선염 가공 벽지, 후염 가공 벽지, 표면 염색(surface day)한 벽지, 이지염(裏紙染) 가공한 벽지

　㉤ 제직 벽지 : 평직 직물 벽지, 사문직 직물 벽지, 주자직 직물 벽지

　㉥ 나염 가공 벽지 : 나염(printing) 벽지, 이지 나염 벽지(back printing)

② 디자인으로 구분한 벽지들

　㉠ 벽화(壁畵) 벽지 : 벽 또는 천장에 한 폭으로 바르는 벽지로 경치나 풍경화 사진 또는 그림을 인쇄한 벽지를 말한다.

　㉡ 고전 무늬 벽지 : 고전적인 무늬 형태의 벽지를 말한다.

　㉢ 줄무늬 벽지 : 수직 또는 수평 방향의 줄무늬 벽지를 말한다.

　　ⓐ 수직 줄무늬는 실내를 높게 보이게 한다.

　　ⓑ 수평 줄무늬는 실내를 넓게 보이게 한다.

㉣ 꽃 또는 동물이나 식물의 형상을 디자인한 벽지
㉤ 기하학적인 무늬
㉥ 직물 벽지의 무늬나 재질을 형상화한 벽지
㉦ 건축 마감재를 형상화시킨 벽지 : 무늬 코드형 등
㉧ 무지 벽지 : 무늬가 없어 색상이나 재질감을 통해서 다양한 분위기를 연출할 수 있는 벽지를 말한다.
㉨ 추상적인 무늬 : 비구상 회화 작품과 같은 추상적인 무늬의 벽지로 실크 벽지나 발포 벽지, 합지에 응용되고 있다.
㉩ 아이들 무늬 벽지 : 동물이나 장난감, 문자나 숫자, 천체를 사용한 무늬 등 여러 가지 무늬를 아이들의 기호에 맞게 만든 벽지를 말한다.

3 벽지의 선정 방법

벽지 인테리어 디자인의 포인트는 실내 공간을 어떻게 효과적으로 연출해내는지에 있다고 하겠다. 벽지는 미장성, 시공의 편리성, 분위기 등 많은 장점을 가지고 있으며, 우리의 주거 생활에 없어서는 안 될 요소이다.

그러나 문제점은 여기에 있다. 막상 도배를 하려고 하면 어떠한 벽지를 어디(거실, 안방, 아이방, 서재 등의 방)에 도배하여야 할 것인가 하는 즐거운 고민을 하게 된다.

방의 용도에 맞는 전체적인 조화를 나타내려면 재질감을 어떤 것으로 하고, 색채는 어떤 것으로 선택하여야 하는지 기능성의 다양함에 선택의 어려움이 있다. 또 가구와 실내조명, 커튼, 바닥재와 벽지와의 조화 문제도 생각하여야 할 필수 요소들이다. 이러한 복합적인 요소들을 어떻게 조화시키느냐? 하는 문제는 쉽지 않기 때문이다.

실제로 도배를 했을 경우 같은 색상의 벽지라도 재질이 다르면 많은 시각적 차이가 나는 것을 경험할 수 있다. 문제는 선정 과정에서는 좋게 느껴졌으나, 실제로 도배를 해보면 특징이 나타나지 않는다든가, 또는 색상이 너무 밝다든가, 어둡다든가 등의 생각이 엇갈린다. 또 조명에 의해서 색상이 다르게 보이는 경우도 경험할 수 있다.

그러나 몇 가지를 착안하여 정리해서 벽지를 선택하다 보면 뜻밖에 좋은 결과를 얻을 수도 있다.

① 벽지의 색상(색깔)은? 무늬 재질은? 이러한 성격을 어떻게 선정(선택)할 것인가!

② 벽지가 벽면 활용에 이바지할 수 있는 효과는?
　㉠ 벽면에 큰 가구나 장롱을 놓는 경우
　㉡ 벽에 미술품을 걸어놓는 경우
　㉢ 골동품을 전시하는 경우(거실, 박물관 등에)
　㉣ 미술품을 전시하는 경우(거실, 전시장 등에)
　이러한 여건에 색상과 재질을 어떻게 선택할 것인가!

③ 벽지 선정 방법
　㉠ 벽지를 견본(sample book)으로 보는 경우
　㉡ 롤(roll)을 넓게 펴서 보는 경우
　㉢ 실제로 도배한 것을 보는 경우
　가장 좋은 방법은 도배된 것을 보는 것이지만 불가능하기 때문에 조그마한 견본을 보는 것보다는 롤(roll)을 넓게 펼쳐서 보고 결정하는 것이 좋다.

④ 방 크기에 대한 고려
　작은 방에 큰 무늬의 벽지는 균형에 맞지 않고 어지러운 느낌을 줄 수 있다. 그러므로 방의 크기에 따라 무늬와 색상, 재질에 대한 판단이 필요하다. 최근에는 무지로 많이 하는 경향이고 색상 선택에 신중을 기하는 편이다.
　무지로 색상을 잘 선택한다면 산뜻하고 깨끗한 느낌을 주며, 도배한 다음에도 벽지 선택에 후회하는 일이 거의 없다. 그리고 벽지 평수도 무늬가 있는 벽지보다 많이 들어가지 않는다. 무늬가 있는 벽지는 무지 벽지보다 약 20~25% 더 필요하다.

벽지 손실률

- 작은 무늬일 경우 : 약 10~15% 정도 더 필요함.
- 큰 무늬일 경우 : 약 20~25% 더 필요함.

4 벽지 색상의 선택

시각(視覺)은 사람에게 가장 큰 감각이며, 시각의 약 80%는 색(color)에 의해 좌우된다고 한다.

사람은 음식이나 어떤 물체를 볼 때 색을 보고 감정을 느낀다. 이러한 것을 연상 감정이라고 한다. 이를테면 따뜻한 느낌을 주는 색, 찬 느낌을 주는 색, 사람을 흥분시키는 색(붉은색), 마음을 가라앉히는 색(파란색, 머리를 맑게 하는 색) 등 이렇게 색상의 연상 감정에 의해서 각각 그 느낌이 다르다.

사람에 따라 입맛이 다르듯이 색상의 선택에 있어서도 사람 개개인의 느낌에 따라 보는 눈(시각)이 다르다. 그러므로 벽지 색을 선택하는 데에도 기호(선호도)에 따라, 또는 취향에 따라 다르다. 그래서 고객에게 '이 색이 좋습니다.'라고 결정해 줄 수가 없는 것이다. 또 무늬가 있는 것을 좋아하는 사람이 있는가 하면 무늬가 없는 것을 좋아하는 사람도 있고, 아이들이 좋아하는 색이 있고, 청소년들이 좋아하는 색이 있으며, 20~30대 주부들이, 40~50대 또는 60~70대가 좋아하는 색이 모두 다르다. 이래서 더더욱 선택에 있어서 어려움이 많다고 하겠다.

(1) 공간의 사용 목적에 따른 벽지 선택

실내 공간의 사용 목적에 따라 선택은 다를 수밖에 없다. 이를테면 주거 공간, 상업용 공간, 사무실, 전시장, 회의실, 드레스숍 등 사용 목적에 따라 적합한 색상과 재질이 선택되어야 할 것이다.

① 상업용 공간의 독특한 부분은 원색의 강한 색조가 요구될 것이다.
② 전시장에는 전시물의 전시 효과에 부각되는 색조가 요구되고, 화재나 재해 발생 시 전시물을 보호할 수 있는 것이 필요할 것이다.
③ 사무실이나 회의실은 산만하지 않고 차분해야 할 것이다.
④ 주거 공간은 각 실(방)의 용도에 따라 적절한 배색에 따른 벽지를 선택해야 할 것이다.

■ 거실

거실은 가정의 공적인 공간이므로 부드럽고 차분하며 밝은 분위기가 바람직하다. 따라서 같은 색 계통의 조화가 무난하고, 포인트가 되는 부분은 재질을 반대색으로 살려 생동감을 주도록 하는 방법이 좋다. 여기에 가구나 액세서리를 활용하는 것도 좋은 방법이다.

■ 침실

　침실은 편안함, 그리고 휴식이 될 수 있는 공간이어야 한다. 그러므로 자극적인 색채는 적합하지 못하며 편안하고 심신을 가라앉히는 배색이어야 한다. 이를테면 환한 색으로 밝은 계통의 차분한 색상이 바람직하다.

■ 아이방

　어린아이들 방에는 아이들에게 알맞도록 디자인된 벽지가 있다. 숫자나 기호의 문양, 장난감, 동물, 천체 등 아동의 기호나 호기심에 맞는 문양이 있고, 또한 잔잔한, 차분한 색조(tone)의 문양도 있다.

　어린이 방도 방의 크기나 밝기를 고려하여야 하며, 어린이들이 원색을 좋아한다고 강한 색조의 어지러운 무늬로 도배한다면 실패할 경우도 있다. 오히려 밝고 엷은 색조의 정서적이고 낭만적인 느낌이 드는 색조가 무난할 것이다. 그리고 띠벽지(border wallpaper)를 사용하며 벽의 상하를 구분하는 방법도 있으나 유행에 따라 다르다.

■ 식당

　모든 가족이 모이는 즐거운 장소가 되어야 하며, 식욕을 돋우고 청결한 분위기가 되어야 한다. 그러므로 우중충하고 어두운 색조는 피하는 것이 좋다. 가장 식욕을 돋우는 색상은 오렌지(orange) 계열의 색상이다. 한색(寒色) 계통의 색은 식욕을 떨어뜨리고, 난색 계통의 색은 식욕을 돋아준다고 한다. 이를테면 밝고 산뜻한 분위기로 꾸미는 것이 좋으며 조명과 함께 음식의 색채를 살리는 방법도 연구할 부분이다.

(2) 기능성 벽지

　사용 공간에 따른 기능성 벽지가 확산되어가고 있으며, 사용 공간에 벽지의 특성을 맞추어 도배하는 방법도 매우 합리적이라고 할 수 있다. 이를테면 음악실에는 방음 벽지를, 습기가 있는 부분에는 습기에 강한 벽지를, 아이들 방에는 오염 방지 벽지를 사용하는 것이 바람직하다.

　노래방의 경우 기능성 벽지가 필요하다. 이를테면 천장의 경우 입체 형광 벽지로, 벽의 경우 방음 벽지로 도배하면 좋을 것이다.

(3) 무늬 벽지의 조화

　무늬 벽지에는 크고 작은 무늬가 있으며, 실내 공간의 크기에 따라 무늬의 크기도 고려해야 한다.

① 작은 방에는 큰 무늬를 피하는 것이 좋다.
② 무늬가 큰 벽지는 실내에 도배하는 경우도 있고, 실내의 한 벽면만 도배를 하고 나머지 벽면은 무지나 잔잔한 무늬로 바르는 경우도 있다.
③ 작은 공간에는 잔잔하고 작은 무늬의 밝은 색이 알맞다.
④ 재질이 거칠고 색조가 강한 것은 넓은 실내에 알맞고, 무늬의 입체감에 감각이 느껴지는 벽지는 넓은 방에 적합하다.

(4) 색상이나 재질에 의한 변화 추구

최근에 한 공간에 천장이나 벽에 동일 색상으로 도배하는 것이 유행이다. 무지의 동일 색상을 선택하여 도배하는 것은 몰딩이 경계선이 되고, 산뜻한 분위기로 깨끗한 느낌을 주기 때문이 아닌가 생각된다. 또한 벽지 선택의 고민도 줄어들기 때문이기도 하다.

그러나 천장을 목재나 다른 재질로 사용하는 경우는 벽과 천장이 실내의 효과를 살려주기 때문이다. 이렇게 색상이나 재질에 의한 변화를 추구하여 조화를 이루는 방법도 많이 하고 있다.

천장과 벽 사이에 몰딩(Moulding)을 사용하면 실내가 정리된 느낌이 들고, 색과 색을 이어주는 좋은 완충 효과를 얻을 수 있다. 몰딩이 없는 방을 "벙어리 방"이라 한다.

또 벽면에 상하단을 구분하여 다른 재질이나 색상을 도배하는 경우도 있다. 이것은 단조로운 벽면에 효과를 극대화하기 위한 방법이다. 구분선에는 띠벽지나 허리 몰딩을 사용한다. 띠벽지는 어린아이들 방에 사용하기도 하며, 허리 몰딩은 음식점이나 사무실, 노래방, 단란주점 등에 많이 사용한다.

(5) 벽지 무늬와 색상에 의한 실내 분위기의 변화

① 진한 색의 천장은 방을 낮아 보이게 한다.
② 밝은 색의 천장은 방을 높아 보이게 한다.
③ 수직 무늬의 줄무늬는 방을 높게 보이는 반면, 공간을 축소시켜(작게) 보인다.
④ 수평 무늬의 줄무늬는 방을 낮게 보이는 반면, 공간을 넓게(크게) 보인다.
⑤ 큰 무늬 벽지는 실제 방보다 작아 보인다.
⑥ 작은 무늬 벽지는 실제 방보다 커 보인다.

참고

1. 거실이 가져다주는 중요한 역할

옛날에는 모든 생활 행위가 방에서 이루어졌으나, 점차적으로 조리와 수면 등의 행위를 중심으로 공간 활용이 분리되기 시작하였다.

거실의 사전적 의미는 "있기 위한 방"이다. 부엌, 침실, 화장실처럼 보통의 방은 행위의 목적으로 구분되어 있는 반면에, 거실은 그 용도를 명확하게 설명하기에는 어려운 점이 있는 것 같다. 거실은 삶의 형태에 따라 삶의 가치(value)를 높이고 욕구(needs)를 충족시키는 "공유 공간"이다. 또한 세대 간의 간격을 줄이고 문화의 연계성이라든지 전통을 계승하는 측면에서도 함축적인 의미를 가진다.

언제부터인가 주택이나 아파트의 설계도 거실을 중심으로 설계가 이루어지고 있으며, 도배(塗褙, 正褙, Dobae)도 거실을 중심으로 이루어지고 있다. 그만큼 한 집의 무게 중심을 갖고 있는 거실은 가정이라는 공동체 속에서 아주 중요한 역할을 하게 된다. 거실은 침실과 대조되는 공간으로 보다 안락한 삶을 유지하기 위해 "깨어 있는 공간"을 의미한다.

거실은 물리적인 교류의 공간뿐 아니라 정신적인 교류의 공간으로서 실내 공간에서 중요한 몫을 가지게 되었다. 또한 가족의 매력적인 공간으로 변화되고 동시에 삶의 본질을 추구한다. 이러한 공간이 바로 가족과 함께 하는 거실이다.

2. 가족의 대화 공간으로서의 거실

거실의 존재 의미는 "공유"하는 데 있다.

거실은 단순히 가족이 스쳐 지나가고 일상적으로 대화하는 공간이어서는 의미가 없다. 현대화 과정에서 가족은 여러 가지 면에서 함께 공유하는 데 어려움을 갖게 되었다. TV나 컴퓨터, 그리고 멀티시스템, 심지어 음식 문화까지도 가족 간의 대화나 공유성을 가속적으로 저해한다면 이는 중요한 문제가 아닐 수 없다.

거실은 가족의 융화나 세대 간의 교류와 이해를 공유하는 공간, 가족 문화를 대변할 수 있는 공간으로 자리 잡아야 할 것이다.

5 벽지의 색 지식

(1) 벽지의 성향

벽지는 다음과 같이 네 가지 콘셉트로 나눌 수 있다.

① 장식 무늬(ornament)

② 복고풍의(retro) : 뜻이 있는 연결된 무늬

③ 동양의 자연주의적인(oriental naturalism) 무늬

④ 무지 패턴(pattern)

개인적인 여건에 따라 벽지를 선택하는 기호나 색상은 다르다. 일반적으로 무지 패턴을 선호하는 사람들이 있는가 하면(무지 일변도), 장식적(ornamental)이며 그래픽적(graphic, 회화적)인 패턴을 좋아하는 사람도 있다.

(2) 벽지 선택의 목적(motive, 동기)

① Flower 무늬

② Damask : 무늬를 넣은(꽃무늬, 비단 무늬, 물결무늬 등의 무늬)

③ Geo metric print(기하학적인 무늬 인쇄)

가미된 패턴들과 수공예적인 자연 그대로(natural)인 패턴 등이 주요소로 볼 수 있다.

(3) 색상

① 기본이 되는 색 : 아이보리색(크림색), 화이트색, 베이지 계열의 색(엷은 다갈색)

② Pastel ton의 색 : 핑크색(분홍색), 그린색(녹색), 옐로색(노란색), 블루색(짙은 파란색), 밀키색(milky color, 유백색, 은하수(galaxy))

③ Luxury(럭셔리한, 고급스러운) 골드

④ 세련된 카키 계열(연한 국방색) 등

(4) 색의 구성(composition)

① 핑크색 : 여성스러운 느낌을 주는 색으로 사적인 공간, 즉 욕실이나 침실에 알맞은 색이다. 그리고 거실이나 현관, 식당에도 잘 어울린다.

② 오렌지색 : 주방의 한 벽면에 포인트를 주는 것도 좋으며, 식욕을 돋게 하는 색이다. 연하거나 조금 짙은 오렌지색에 원의 무늬가 있으면 좋다.

③ 원색 : 아이방에 좋다.

㉠ 맑고 푸른 하늘색

㉡ 생동감이 느껴지는 해바라기 그림의 노란색 등

④ 흰색 : 젊은 층에서 좋아하며 색에 자신이 있는 사람들이 좋아한다(신혼부부나 개성 있는 여성들). 그리고 흰색은 천장에 많이 도배하는데, 작은 집이나 원룸에는 사용하지 않는 것이 좋다. 왜냐하면 병실 같은 느낌이 들기 때문이다. 지친 몸을 깨끗한 기분으로 전환시켜 주기 때문에 침실에는 사용해도 좋다.

⑤ 검은색(Black color) : 현대적 공간에 적당하며 어떠한 스타일의 공간에 디자인의 효과를 끌어내기 위한 색이라 할 수 있다. 이를테면 연극 무대 세트나 검은 램프갓, 탁자, 벽면의 한두 부분 등이다.

⑥ 일반적이고 무난한 색 : 베이지색이나 아이보리색, 올리브그린, 카키색 등의 무난한 색도 괜찮다. 특히 전세나 월세를 주는 집에는 이러한 무난한 색이 적당하다.

⑦ 블루 계열의 색 : 푸른색은 안정된 느낌을 줄 수 있는 침실에 적당하다. 독서, TV 시청, 공부, 업무, 통화 등 여러 용도로 사용하는 침실에는 블루색도 좋다. 옛날같이 침실에서 잠만 자는 것이 아니라 여러 용도로 사용하므로 색깔이 있는 벽지로 도배를 해도 좋다.

⑧ 하늘색(sky color) : 어린이방의 천장 색으로 좋다. 머리를 맑게 해주고 상상력도 키워주며 마음도 산뜻하게 해주는 색이기 때문이다.

㉠ 천장은 하늘색으로 하고, 벽은 푸른색으로 도배한다면 학생들 방에는 아주 이상적이라 할 수 있다.

㉡ 또 천장은 하늘색으로 하고, 벽은 녹색의 잔디 위에서 토끼나 병아리가 뛰어노는 풍경이 있는 벽지로 도배하는 것도 아주 이상적인 구성이라 할 수 있다.

(5) 벽지 색의 종류

① Beige : 엷은 다갈색
- Middle beige : 중간 베이지

② Brown : 갈색, 밤색
- Cocoa brown

③ Gray(=Grey) : 회색, 쥐색, 잿빛

④ Blue : 푸른색, 새파란 감색, 남빛
- Middle blue

⑤ White
⑥ Pastel color : 우아하고 옅은 색
⑦ White flower 컬러
⑧ Pink : 분홍색
  • Pink yellow
⑨ Green : 녹색, 초록빛
⑩ Yellow : 황색, 노란색, 황금색
  ㉠ Right yellow : 적당한 황색
  ㉡ Yellow beige
⑪ Sky : 하늘색
⑫ Orange color : 주황색
⑬ Ivory : 크림색, 상아
⑭ Gold
  ㉠ Red gold
  ㉡ Luxury gold
⑮ Black
⑯ Milky : 유백색, 은하수(galaxy)
⑰ Kaki : 연한 국방색
⑱ Bright red : 선홍색
⑲ Vermilion : 주색(朱色)
⑳ Brights & Vivids 컬러 : 밝고 발랄한 색
㉑ Stripe : 줄무늬
㉒ Violet : 보라색, 제비꽃

(6) 어린아이들 방의 벽지 색 선택

어린아이들 방의 벽지 선택은 성장 과정에 중요하다. 어지러운 무늬의 벽지보다 단순하면서도 푸근하고 밝은 색을 선택하는 것이 어린아이들의 정서 함양에 도움이 될 것이다.

벽지의 선택에 따라

- 소심한 성격의 아이들을 명랑하게
- 산만한 성격의 아이들을 차분하게 해 줄 수도 있는 것이 벽지이다.

도배를 하러 다니다 보면 아이들 방인데도 불구하고 어른 방처럼 도배한 방이 있는가 하면, 전혀 아닌 벽지 색으로 도배한 곳이 있다. 그래서 작업자는 아이들 방은 이러이러한 벽지 색으로 도배하는 것이 좋지 않겠느냐고 말을 해 본다. 그러면 고객은 이해를 하고 그런 벽지로 도배해 달라고 한다. 이를테면 Sky color나 Blue color, Ivory color, Beige color, Orange color, Green color 등의 색이 어린아이들 방에 좋은 색이 아닌가 생각된다. 그리고 좁은 방은 넓게 보이게 줄무늬(stripe) 벽지로, 그리고 넓고 천장이 낮은 방도 높게 보이는 줄무늬 벽지(세로 줄무늬)로 도배하는 것이 이상적이라 생각된다.

6 벽지의 종류

(1) 단지
  ① 일반 단지
  ② 아트지(지성지)

(2) 합지
  ① 일반 합지
  ② 엠보싱 합지
  ③ 아트 합지
  ④ 데크론 합지

(3) **실크 벽지**
  화려한 디자인과 특유의 고급스러움으로 대중적인 인기를 얻고 있는 벽지

(4) **발포 벽지**

(5) **스트링 벽지**
  실을 나란히 간격을 맞추어 종이에 배접하여 만든 벽지

(6) 지사 벽지

얇은 박엽지를 실처럼 꼬아서 직기에 포(布)를 짜서 만든 벽지

(7) 타일 벽지(케미컬 타일 벽지)

(8) 입체 형광 벽지

(9) 방염 벽지

① 불에 타지 않는 난연 원자에 방염제를 입혀 만든 벽지(특수 처리)
② 화재 발생 시 불이 확대되는 것을 방지하고 매연 및 유독 가스의 배출을 억제하여 귀중한 인명과 재산을 보호해 준다.

(10) 한지 벽지

(11) 민속 벽지

① 실물 낙엽 벽지
② 한지 닥나무 벽지
③ 아크릴 창호지
④ 공예 한지 장판지
⑤ 황토 벽지
⑥ 각종 한지 벽지

(12) 부직포 파이텍스

① 일반 파이텍스 : 책상 밑에 까는 것
② 카펫 파이텍스 : 교회 휴게실, 사무실, 드레스숍, 대기실 등에 도배

(13) 비단 벽지

① 방음성 : 소리의 파장을 섬유가 흡수하여 반사를 막아 주기 때문
② 정전기 방지 : 순수 자연 섬유를 사용하였기 때문(자연의 건강 벽지)
③ 습도 조절 기능 : 실내 습도를 항상 쾌적하게 유지시키며 습도가 높을 때는 벽지가 흡수
④ 정신적 안정감 : 포근한 옷을 입은 것과 같은 내면적인 안정감 유지
⑤ 색상 유지 : 자연산 원료로 자연적 건조를 통한 특수 염색 공법으로 생산되기 때문
⑥ 오염 방지 : 원사 자체에 자연적인 코팅 처리를 하였기 때문(미세한 먼지 및 오염 물질은 헝겊 및 티슈 페이퍼로 가볍게 눌러 주면 항상 깨끗함이 유지됨)

⑦ 방염 : 주문 사양
⑧ 장식물 효과를 극대화

(14) 띠 벽지(Border wallpaper)

(15) 한지 띠 벽지(10m)

(16) 지사 띠 벽지

(17) 항균 벽지(Border wallpaper)
　　미생물의 서식이나 증식을 억제하여 전염성 질환을 예방하고 악취 예방, 제품 변색 방지 등(항균, 항곰팡이 기능을 가짐)

(18) 기타 수입 벽지
① 레자 벽지
② 일본 벽지
③ 네델란드 벽지 등

7 벽지의 소재별 분류

(1) 종이 벽지
① 일반 종이 벽지 : 인쇄 벽지, 엠보스 벽지
② 코팅 벽지 : 비닐을 얇게 입힌 벽지
③ 지사 벽지 : 종이를 꼬아 실(얇은 박엽지인 화지 사용)을 만들어 섬유 직물과 같이 직기에서 원단을 짠 다음 배접지에 호부(糊付)하여 만든 벽지
④ 기타 특수 종이 벽지

(2) 비닐 벽지
① 실크 벽지 : 종이 위에 PVC(염화비닐수지) 원료로 코팅을 거친 후 무늬 인쇄와 엠보싱 가공을 한 벽지
② 발포 벽지 : 종이 위에 인쇄한 후 PVC 원료를 도포하여 발포시킨 벽지
③ 케미컬 벽지(타일 벽지) : 비닐 벽지와 만드는 방법이 같으나 코팅 가공과 발포 억제제를 사용하여 타일 문양을 만든 벽지

(3) 섬유 벽지

① 직물 벽지 : 직기에서 짠 후 종이에 배접을 거친다. 실크, 레이온, 마사, 화학사, 연사 등 모든 원사가 벽지 원료로 사용 가능하다. 자연 섬유, 화학 섬유, 특수 섬유 등을 사용할 수 있다.

② 스트링(String) 벽지 : 직물 벽지와 같이 각종 원사를 사용하여 만든 벽지

③ 부직포 벽지 : 섬유를 사용하여 만들었으나 실(원사) 상태가 아닌 섬유 원료를 직접 사용한 벽지로 플로킹 벽지(식모 벽지)와 부직포 원단을 가공한 벽지

(4) 특수 벽지

① 마직 벽지

② 지사 벽지 : 종이를 꼬아 만든 실(얇은 박엽지인 화지 사용)로 섬유직물과 같이 직기에서 원단을 짠 다음 배접지에 호부(糊付)하여 만든 것
　㉠ 지사 벽지, 스트링 벽지 등의 특수 벽지는 두세 장 풀칠하고 바로 붙인다.
　㉡ 규격 : 106cm × 15.5m, 1롤 : 5평

③ 초경 벽지 : 식물의 잎이나 표피에서 나오는 섬유질을 자연 그대로 가공하여 만든 벽지
　㉠ 마직물(麻織物) : 삼으로 짠 피륙의 총칭이다.
　㉡ 갈포 벽지
　　ⓐ 칡덩굴의 표피에서 나오는 섬유질의 갈저를 가지고 직기에 걸어 천처럼 짜서 만든 벽지이다.
　　ⓑ 이음매(쯔기)를 딸 때 벽지에 풀이 묻지 않도록 속지를 넣고 작업하여야 한다.
　㉢ 삼 : 삼과의 일년초로 유라시아 온대·열대에서 재배한다.
　　ⓐ 줄기 높이 1~3m
　　ⓑ 줄기 껍질은 섬유의 원료로 삼베, 어망(漁網), 포대, 밧줄 등에 쓰인다.
　　ⓒ 대마(大麻), 마(麻), 화마(火麻)
　　　• 황마 벽지 : 황마를 사용하여 제직하여 만든 벽지
　　　• 완포 벽지 : 왕골의 잎을 쪼개어 직기에 걸어 짠 벽지
　　　• 아바카 벽지 : 마닐라 삼을 이용해 만든 벽지
　　　• 초경 벽지로서 기타 해초, 싸리, 죽순, 갈대, 밀집 벽지 등이 있다.
　　　　– 특수 벽지의 이음매(쯔기)를 딸 때 벽지에 풀이 묻지 않게 속지를 넣고 작업을 하여야 한다.

- 부직포 등으로 공간 초배를 할 경우에는 초배지가 터지지 않도록 하기 위해서 5cm를 겹치기 전에 속을 대고 칼질(도련)을 하여야 공간 초배지가 터지지 않는다.

(5) 목질계 벽지
① 코르크 벽지 : 굴참 나무 껍질로 성형을 하여 얇게 썰어서 배접지 위에 붙여 만든 벽지
② 무늬목 벽지 : 무늬목을 배접지에 붙이거나 쪼개어 발처럼 짜서 붙인 벽지
③ 목포(木布) 벽지

(6) 무기질 벽지
① 질석 벽지 : 질석을 고열에서 발포시켜 배접지에 접합시킨 벽지(돌가루가 섞여 있는 것)
② 금속박(Metalic) 벽지 : 알루미늄박 벽지
③ 유리 섬유 벽지 : 유리 섬유를 제직하여 배접한 벽지

(7) 기타 기능성 벽지
① 바이오 세라믹 벽지
② 벌레가 끼지 않는 방충 효과가 있는 벽지
③ 프리페이스트(Prepasted) 벽지 : 바를 때 물만 칠하여 바를 수 있는 벽지
④ 접착형 벽지(접착제 벽지) : (주)아름다운의 '포포씨 셀프 벽지', (주)빠라베에사의 'Rose Rosa', 포인트 필름, 홈 시트(Sheet)지, 영도 벽지의 '패브릭 벽지' 등

참고

1. 포인트 벽지의 유익성

포인트 벽지는 패턴 하나에 여러 가지 색상이 구비되어 있어 선택의 폭이 넓다. 현관 입구나 거실 벽면, 주방 벽면, 안방 침대의 헤드보드 방향의 벽면, 사무실의 한 벽면, 호텔이나 레스토랑 등 여러 곳에서 용도를 다양하게 사용할 수 있다. 포인트 벽지는 도배를 세분화, 전문화할 수 있으며 분위기에 맞춰 개성을 살려줄 수도 있다.

또한 최근의 트렌드를 보면 벽지 생산업체에서 아트 월용 또는 포인트 월용으로 용도를 구분하여 다양한 패턴과 무늬를 선보이고 있으며, 예전에는 실크 벽지나 특수 벽지로 포인트 벽지를 개발하는 것으로 인식되었으나, 요즘에는 합지도 많이 생산되고 있다.

한편 제조 기술의 발달로 디지털 프린팅으로 '전폭 벽지'도 생산되어 한 폭의 그림을 포인트 월(Point Wall)에 시공하여 벽 공간에 도배의 예술성을 더욱 더 높여줄 수 있게 되었다.

'디지털 프린팅 벽지'는 컬러나 패턴이 자연의 색상을 그대로 차입하여 매우 과감하고 감각적인 공간 연출이 가능하여 소비자들의 기호와 선택에 유익하다.

2. 포인트 벽지와 도배

지금까지 단편 일률적인 벽지 컬러와 패턴으로 도배를 하여 자칫 지루해질 수 있는 느낌을 받기도 하였다. 그러나 각기 용도별로 다른 패턴과 소재의 벽지를 선택해서 '맞춤형으로 시공'을 한다면 아주 색다른 분위기로 생활의 활력소가 될 수도 있다. 이를테면 거실이나 부부침실, 아이방, 작은방, 서재, 작업실, 드레스룸, 부엌 등 각기 용도별로 도배를 하는 방법이다.

우리는 벽면 한쪽에 포인트 벽지를 골라 특별한 나만의 공간을 만들 수도 있다. 이때 포인트 벽지는 기존 벽지보다는 조금 더 과감하고 강렬한 컬러를 선택할 수 있다.

또한 포인트 벽지의 '고르는 선택의 즐거움'은 물론 벽의 공간마다 서로 다른 분위기와 생동감과 표정을 부여하는 데 없어서는 안 될 트렌드로 생각된다. 주거 공간은 물론 사업 공간, 오피스 공간에 이르기까지 가구, 장식 꽃병, 몰딩 등과 함께 공간의 매력을 더 할 수 있는 것이 포인트 벽지라 할 수 있다.

이처럼 포인트 벽지는 패턴(문양) 하나에 여러 가지 색상이 구비되어 있기 때문에 선택의 폭이 넓다. 또한 다양한 소재를 사용하기 때문에 독특한 하나의 예술 작품이라고 할 수 있으며, 여기에 환경 친화적인 재료를 사용하기 때문에 건강까지 고려한 '기능성 제품'으로도 그 종류가 다양하다.

벽지 인테리어가 발전할 수 밖에 없는 이유는 소비자들의 관심 증폭과 소비자들의 다양한 디자인 요구, 그리고 주거 공간에 대한 고급화 경향이 결부되어 꾸준한 성장이 뒷받침되었기 때문이라 생각된다.

실내는 벽지와 바닥재의 선택만으로도 실내 인테리어의 90% 정도는 완성된다고 할 수 있다. 전체 벽지는 튀지 않는 기본 색깔로 하고 여기에 동양적인 느낌의 벽지로 거실이나 방의 한 벽면 또는 두 벽면에 포인트를 준다면 집안의 분위기는 많이 달라질 것이다.

최근에 국내에서도 수입 벽지 못지 않게 '동양적 모티브(motive · 동기)'의 아름다운 벽지가 등장하고 있다. 이들의 공통점은 새나 꽃, 나비, 다마스크(Damask 무늬를 넣은 꽃무늬, 비단 무늬, 물결무늬 등)로 화려하고 동양적인 분위기라는 것이다. 여기에 현대적인 느낌의 스탠드를 세운다든가 하면 분위기는 살 것이다.

이처럼 최근에는 포인트(point) 벽지가 유행하면서 한 면의 벽지 무늬도 크고 무늬와 무늬 사이의 간격(repeat)도 넓다.

따라서 도배기능사 국가기술자격 실기시험에서도 벽지 재료로 '무늬가 크고 무늬간의 간격도 넓은 벽지'가 제시되고 있다.

PART 01 | 도배(塗褙)와 벽지(壁紙)

8 시트(Sheet)지

집안의 분위기는 우리 생활에 많은 영향을 미친다. 시트는 우리가 가장 손쉽게 분위기를 전환시킬 수 있는 벽지이다.

(1) 시트의 뜻
　① 종이 한 장, 책의 한 장
　② 판자, 얇은 널빤지
　③ 요 위에 까는 천, 홑 이불 시트

(2) 시트지의 종류
　① 글라스 시트(Glass Sheet)
　② 엠보 시트(Embo Sheet)
　③ 패턴 시트(Pattern Sheet)
　④ 데코 시트(Deco Sheet)
　⑤ 데코 띠 벽지(Deco Border Wallpaper)
　⑥ 무늬목 시트(Patterned Wood Sheet)
　⑦ 대리석 시트(Marble Sheet)
　⑧ 포일 시트(Foil Sheet)
　⑨ 고광택 시트(High Glass Sheet)
　⑩ 타일 시트(Tile Sheet)
　⑪ 점착(粘着) 시트

(3) 글라스 시트(Glass Sheet)
　① 장점
　　㉠ 유리창이 깨어져도 유리 파편이 시트에 붙어서 튀지 않는다.
　　㉡ 창문의 표정을 바꿀 수 있다.
　　㉢ 실내 분위기도 아늑해진다.
　　㉣ Wall Sheet를 붙일 수도 있다.
　② 규격
　　㉠ 92cm×2m
　　㉡ 92cm×20m
　　㉢ 92cm×30m

③ 용도
- ㉠ 장식장 유리
- ㉡ 욕실 유리
- ㉢ 베란다 유리
- ㉣ 쇼윈도 장식 등

④ 특징 : 자외선 차단, 스테인드글라스 효과, 비산 방지 기능

(4) 엠보 시트(Glass Sheet의 종류)

① 장점
- ㉠ 빛을 더 부드럽고 풍성하게 만드는 간접 조명의 효과를 낸다.
- ㉡ 빛을 걸러주어 실내 분위기가 한층 부드러워진다.
- ㉢ 강화 유리의 기능을 갖고 있다.

② 규격
- ㉠ 46cm × 2m
- ㉡ 92cm × 2m
- ㉢ 92cm × 50m

③ 용도
- ㉠ 장식장 유리
- ㉡ 욕실 유리
- ㉢ 베란다 유리
- ㉣ 쇼윈도 장식
- ㉤ 각종 유리문

④ 특징 : 자외선 차단, 비산 방지 기능

(5) 패턴 시트(Glass Sheet의 종류)

유리문 장식을 위한 세련된 모노톤 패턴의 접착 시트이다.

① 장점
- ㉠ 실내 분위기를 차분하고 아늑하게 만들어 준다.
- ㉡ 외부 시선은 차단해도 빛은 차단하지 않는다.

② 규격
- ㉠ 46cm × 2m
- ㉡ 92cm × 2m
- ㉢ 92cm × 50m

③ 용도
  ㉠ 장식장 유리
  ㉡ 욕실 유리
  ㉢ 베란다 유리
  ㉣ 쇼윈도 장식
  ㉤ 각종 유리문
④ 특징 : 자외선 차단, 비산 방지 기능, 한식 실내의 창문에 아주 잘 어울리는 패턴 시트 한지를 합지하여 창호지 문의 따뜻하고 부드러운 느낌을 낼 수 있다. 고가구가 배치된 안방이나 서재에 많이 쓰인다.

(6) 데코 시트(Deco Sheet)
① 규격
  ㉠ 45cm×2.7m
  ㉡ 45cm×15m
  ㉢ 53cm×2.5m
  ㉣ 53cm×15m
② 용도
  ㉠ 벽면 장식용 : 도배 대용
  ㉡ 소품
  ㉢ 테이블
  ㉣ 장식장 등의 가구류
③ 특징 : 다양한 무늬와 색상, 더러워져도 물로 쉽게 닦아낼 수 있다.

디즈니 데코 시트

현대 인테리어 시트 중 하나로, 디즈니 만화의 주인공으로 어린이방을 꾸미는 것으로 주위가 온통 그림책인 셈이다.
사물함이나 사진틀에도 시트를 붙여 새롭게 변신시킬 수 있다.

(7) 데코 띠 벽지(Deco Border Wallpaper)
간단한 띠만 둘러도 밋밋하고 무뚝뚝하게 느껴졌던 벽이 부드럽게 느껴지며, 새로운 분위기를 연출할 수 있다.

① 규격
- ㉠ 5.5cm×5m
- ㉡ (10.5cm, 11cm, 12cm, 13cm)×5m
- ㉢ (13cm, 17cm)×5m

② 용도
- ㉠ 어린이방
- ㉡ 천장 테두리 장식용
- ㉢ 거실
- ㉣ 주방
- ㉤ 욕실
- ㉥ 업소용(장식용)

③ 시공(작업) 시 유의 사항
- ㉠ 붙이기 전에 점선을 그어 놓는다.
- ㉡ 실크 벽지인 경우 붙였다가 바로 뗄 수 있지만, 종이 벽지일 때는 붙일 때 실수하지 않도록 유의하여야 한다.

(8) 무늬목 시트(Patterned Wood Sheet)

① 장점
- ㉠ 컨트리풍 연출이 가능하다.
- ㉡ 원목의 자연스러운 색과 결이 고스란히 살아있게 연출이 가능하다.
- ㉢ 집안이 한결 쾌적하게 느껴진다.
- ㉣ 낡은 가구나 문에 붙이면 감쪽같이 새 것이 된다.

② 규격
- ㉠ 45cm×2.7m
- ㉡ 45cm×15m
- ㉢ 45cm×2.5m
- ㉣ 92cm×30m

③ 용도
- ㉠ 옷장
- ㉡ 책장
- ㉢ 장식장 등의 가구류
- ㉣ 방문
- ㉤ 싱크대

ⓑ 욕실
　　ⓢ 각종 소품류 등

(9) 대리석 시트(Marble Sheet)
　① 장점
　　㉠ 자연 대리석의 느낌으로 집안 분위기를 바꿀 수 있다.
　　㉡ 욕실이나 부엌 등 물을 자주 쓰는 공간도 산뜻하게 꾸밀 수 있다.
　② 규격
　　㉠ 45cm×2.7m
　　㉡ 45cm×15m
　　㉢ 92cm×30m
　③ 용도
　　㉠ 옷장
　　㉡ 책장
　　㉢ 장식장 등의 가구류
　　㉣ 방문
　　㉤ 싱크대
　　ⓑ 욕실
　　ⓢ 각종 소품류 등
　④ 특징 : 더러워져도 쉽게 물로 닦아낼 수 있다.

(10) 포일 시트(Foil Sheet)
　　불과 열에 강한 접착 시트이다. 불을 많이 쓰는 가스레인지나 인덕션레인지 주변은 기름이 튀고 쉽게 지저분해지기 쉬운데, 포일 시트는 안으로 얇은 은박지가 한 겹 더 입혀져 있어 열에 강하고, 기름때도 쉽게 닦아낼 수 있어 청결한 부엌의 필수품이다.
　① 규격
　　㉠ 45cm×2m
　　㉡ 45cm×15m
　② 용도
　　㉠ 장식장
　　㉡ 싱크대
　　㉢ 욕실의 장식장 등

(11) 고광택 시트(High Glass Sheet)

하이그로시 효과를 낼 수 있는 접착 시트이다.

① 장점
   ㉠ 청결한 주방을 꾸밀 수 있다.
   ㉡ 기름때에 찌든 칙칙한 주방 분위기를 바꿀 수 있다.

② 규격
   ㉠ 46cm×2m
   ㉡ 46cm×15m

③ 용도
   ㉠ 옷장
   ㉡ 책상
   ㉢ 장식장 등의 가구류 : 각종 소품, 방문, 싱크대
   ㉣ 욕실의 장식장
   ㉤ 오디오
   ㉥ TV 등의 가전제품, 진열장 등

④ 특징 : 습기에 강하며, 긁힘 현상이 없다. 더러워져도 쉽게 닦아낼 수 있다.

✔ 광택을 좋아하지 않는다면 컬러 시트가 좋다. 산뜻한 색상과 매끄러운 질감으로 새로워진다.

(12) 타일 시트(Tile Sheet)

① 장점 : 벽면에 번거로운 공사 없이 타일 시트로 대체하면 시공이 편리할 뿐만 아니라 훨씬 경제적이다.

② 규격
   ㉠ 45cm×2.7m
   ㉡ 46cm×15m

③ 용도
   ㉠ 욕실
   ㉡ 주방
   ㉢ 베란다

(13) 점착(粘着) 시트

'차지게 붙음'이란 뜻으로, 찹쌀풀로 붙인 것처럼 찰싹 들러붙게 만든 시트이다. 점착 시트는 '접착'보다 훨씬 밀착된 상태를 말하며, 원래 재질인 것처럼 감쪽같이 변신시킬 수 있다.

PART 01 | 도배(塗褙)와 벽지(壁紙)

시트지와 필름에 사용하는 부자재 종류 및 용도

기기명	용도
프라이머(Primer)	기재면과 필름과의 부착력을 높이기 위해 사용하며, 엣지 부위 및 굴곡 부위는 도포량을 높게 하거나 짙게 하여 사용함.
브러시(붓)/스프레이	• 수성 프라이머는 원액 사용 • 유성 프라이머는 용제와 3 : 1 이하로 희석하여 사용
퍼티(빠데)	기재면의 못자국 등으로 인한 굴곡 부위 및 연결 부위를 매끄럽게 하기 위해 사용
샌드페이퍼	기재면의 굴곡 부위의 거친 면 상태를 개선하기 위해 사용함.
플라스틱 스퀴즈(헤라)	시공 시 필름을 기재에 붙일 때 사용하며 필름 내 공기 흡입 방지
헤어드라이기	모서리 및 굴곡 부위 등 작업 시 시공 부위를 전체적으로 가열하면서 사용함.
재단용 칼	• 재단 시 사용 • 시공 부위에 맞게 칼질함.
바늘 또는 핀	• 시공 시 생긴 큰 기포의 경우 필름을 벗기고 다시 시공 • 일부 미세 기포의 경우 바늘 또는 핀을 이용하여 구멍을 낸 후 주변을 압착하여 기포를 제거하는 데 사용

9 한지(韓紙)

(1) 한지(韓紙)란?
① 한지는 닥나무 껍데기를 벗겨 만든다.
② 때문에 나무를 베지 않고도 만들 수 있어 친환경적이다.
③ 또한 한지는 '자연 섬유'로 만들었기 때문에 폐기 때도 환경에 해를 주지 않는다.
④ 따라서 한지는 지구 환경에 조금이나마 보탬이 될 수 있는 대안이라 말할 수 있다.

(2) 한지의 장점
① 질이 아름답다.
② 친환경 웰빙 종이이다.
  ㉠ 열과 습기를 조절한다.
  ㉡ 먼지와 냄새를 빨아들인다.

ⓒ 습도를 조절하여 천연 가습기 역할을 한다.
③ 화학약품을 전혀 쓰지 않아 인체에 무해하다.
④ 유독 물질을 배출하지 않아 새집증후군 예방에 탁월하다.
⑤ 원적외선 방사율이 황토보다도 높아 유해 물질 제거와 항균에 효과적이다.
⑥ 질기면서도 부드럽다.

이와 같은 한지의 장점은 웰빙 시대에 한지를 활용할 수 있는 영역이 넓다는 것을 의미한다.

(3) 한지 벽지의 종류

한지는 천천히 말리면서 두루 살피는 작업이 필요하다. 한지는 삶은 닥나무 속껍질로 떠낸 숨쉬는 종이로 천장에, 벽에, 문에 발라진 채 실내의 습도를 조절해 한옥 역시 숨쉬는 집이 되는 것이다. 그래서 최근에는 한지 도배를 대안으로 찾는 아파트 거주자들이 늘어나고 있다.

① 닥나무 표피
② 훈민정음(상평통보) : 작은 글씨, 큰 글씨
③ 황토 닥나무 표피
④ 운용 무늬(파스텔톤)
⑤ 닥나무 표피(스트라이프)
⑥ 닥나무 표피(파스텔톤)
⑦ 코스모스잎 : 실물 낙엽
⑧ 대나무잎 : 실물 낙엽
⑨ 단풍나무잎 : 실물 낙엽
⑩ 은행나무잎 : 실물 낙엽

(4) 전통 한지(고급 수록지)의 종류

① 순지(수록지) : 63cm×93cm - 낱장 : 1축(200장)
② 순지대발(수록지) : 3자×6자 - 낱장
③ 쑥잎 한지 : 63cm×93cm - 낱장
④ 크로바 한지 : 63cm×93cm - 낱장
⑤ 국화꽃잎 한지 : 63cm×93cm - 낱장
⑥ 왕겨 한지 : 63cm×93cm - 낱장
⑦ 볏짚 한지 : 63cm×93cm - 낱장

⑧ 닥피지(배접)
　　㉠ 63cm×93cm – 낱장
　　㉡ 73cm×145cm(대발) – 낱장
⑨ 상형문자 : 63cm×93cm – 낱장

(5) 한지 선팅지
① 사군자(매화, 난초, 국화, 대나무)
　　㉠ 90cm×30m/1Roll – 접착제 함유
　　㉡ 80cm×1m/낱장 – 접착제 함유
② 한지 운용 무늬 : 1m×30m/1Roll – 비접착

(6) 한지(아크릴) 창호지
창틀에 바른 창호지는 공기 속 '먼지와 냄새'를 빨아들이고 습도를 조절하는 '천연 가습기' 역할을 한다.
① 아크릴 창호지 : 98cm×10m(15m)/1Roll
② 천 창호지 : 98cm×20m/1Roll
③ 한지 합지 : 98cm×50m/1Roll
④ 아크릴 패널 : 아크릴 칼로 재단
　　㉠ 1mm : 3자×6자, 4자×8자
　　㉡ 2mm : 3자×6자, 4자×8자
　　㉢ 3mm : 3자×6자, 4자×8자
　　㉣ 5mm : 3자×6자, 4자×8자

(7) 장판지
① 한지를 여러 겹 붙여 '들기름'을 먹인 것
② 장점 : 온돌 바닥에서 올라오는 '열과 습기'를 조절

(8) 닥나무 공예 장판지
① 닥나무 공예 한지 장판 : 대 특각 85cm×107cm – 낱장
② 공예 한지 장판 : 특각 85cm×107cm – 낱장
③ 대나무 공예 한지 장판 : 특각 85cm×107cm – 낱장

(9) 한지 제품
한지 개발의 가능성이 확인되면서 많은 제품이 시장에 나오고 있다.

① 냅킨
② 일회용 가운
③ 마스크
④ 플라스틱 대체품
⑤ 기저귀
⑥ 한지 스피커
　㉠ 한지의 떨림을 이용
　㉡ 원음을 완벽하게 재생
⑦ 디지털 전용 출력 한지 : 고해상도로 선명하게 인쇄
⑧ 블라인드
　㉠ 빛을 많이 받아들이고 직사광선을 적게 들인다.
　㉡ 인테리어 제품으로 인기 있다.
⑨ 한지 인화지
⑩ 한지 조명 등

Chapter 05 도배 시공

1 시공의 기본 용어 및 도구

(1) 같은 의미로 통하는 용어들
　① 틈막이 초배＝보수 초배＝네바리(ねばり)
　② 공간 초배＝갓둘레 붙임
　③ 밀착 초배＝베다 초배＝온통 풀칠 초배
　④ 물바름 방식＝미즈바리(みずばり・Misbary)＝봉투 바름＝이중 풀칠
　⑤ 반자틀＝몰딩(Moulding)
　⑥ 풀솔＝풀귀얄
　⑦ 마른 솔＝다듬솔＝정배솔＝도배솔
　⑧ 딱솔＝빡빡이솔＝이중 풀칠솔＝장판솔＝짧은 솔
　⑨ 재단칼＝시공칼
　⑩ 재단자＝전반자＝도련자
　⑪ 받침대＝밑자＝재단판
　⑫ 바닥긁기 칼＝쇠헤라
　⑬ 참대주걱＝헤라
　⑭ 굽지＝굽돌이＝걸레받이＝하바기(はばぎ)
　⑮ 잠재우기＝숙성＝숨죽이기＝노바시(のばし)＝Soaking time
　⑯ 온통 풀칠＝베다(べた)＝찰싹＝똥칠
　⑰ 연필 선 긋기＝히로시(ひろし)
　⑱ 이음선＝맞물림선＝하구찌(はくち)＝맞대음선
　⑲ 이음매 따기＝맞물림 따기＝쯔기(つき) 따기
　⑳ 풀그릇＝대야＝다라이(たらい)
　㉑ 하자 보수, 재손질＝데나오시(てなおし)

(2) 주요 용어 해설

① 틈막이 초배(보수 초배·네바리(ねばり)) : 합판이나 석고 보드의 이음새나 벽면에 틈(크랙)이 발생한 면에 초배하는 것을 뜻한다.

㉠ 원리 : 틈이 생기면 틈 속에서 바람이 새어 나오는데, 이 새어 나오는 공기를 벽지 속에서 원활히 소통하게 하여 벽지가 터지지 않도록 하기 위함이다. 만약 틈이 생겼는데 틈막이 초배를 하지 않는다면 갈라진 벽의 틈 사이로 바람이 새어 나와 벽지는 터진다. – 일정 기간 경과 후

㉡ 틈막이 초배 방법
ⓐ 초배지를 속지와 겉지로 재단한다.
ⓑ 겉지에 풀칠하고 속지를 겉지 위에 올려놓는다.
ⓒ 그러면 풀칠이 안 된 속지 속에서 공기가 소통하여 벽지가 터지지 않는다.

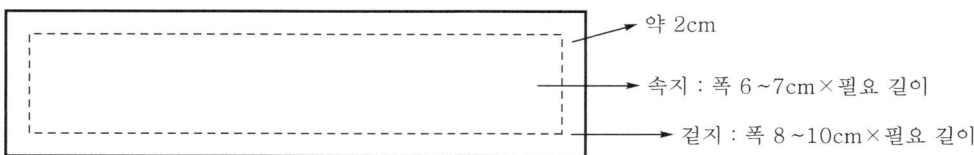

② 공간 초배
㉠ 공간을 띄워서 초배한다는 뜻이다. 보수 초배로 확대 해석하면 안 된다.
㉡ 한지 장판지 시공 시에도 공간 초배를 한다. 다시 말하면 공간에는 풀칠이 되어 있지 않은 초배를 말한다.

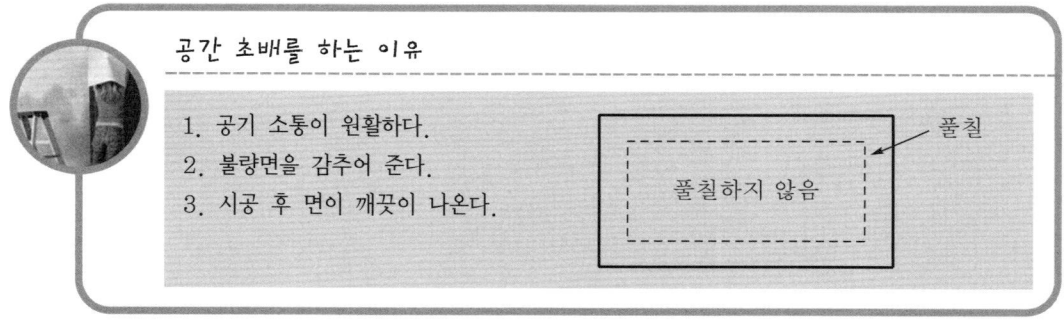

③ 밀착 초배 : 초배지 또는 운용지에 전면 풀칠하여 바탕면에 바르는 것을 뜻한다.

PART 01 ┃ 도배(塗褙)와 벽지(壁紙)

④ 물바름 방식
  ㉠ 이중 풀칠 또는 미즈바리(みずばり · Misbary)라고도 한다.
  ㉡ 벽지 테두리(가장자리)는 된 풀칠하고, 벽지 속은 물칠하는 것을 뜻한다.

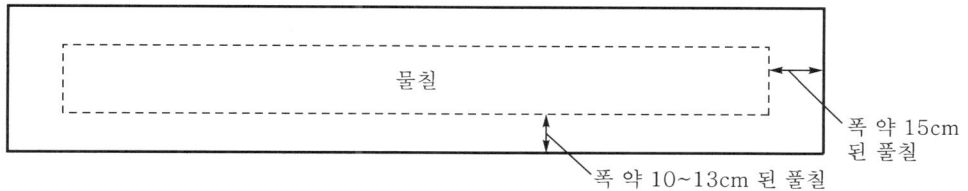

  ㉢ 물바름 방식으로 도배를 하는 이유
    ⓐ 바탕면이 좋지 않을 때
    ⓑ 공기 소통을 원활하게 하기 위해서
  ㉣ 물바름 방식의 장점
    ⓐ 재료비가 절감된다.
    ⓑ 시공 시간이 단축된다.
    ⓒ 바탕면을 보완한다.
⑤ 균등 분할 : 바탕면의 치수를 재고 벽지를 잰 치수에 맞게끔 벽지를 분할하여 재단하고 시공하는 것을 뜻한다.

2 도배지(塗褙紙)에 따른 단계별 시공

 주의사항

도배지 종류에 따른 시공 방법
1. 종이 벽지 : 밀착 초배 후 정배
2. 실크 벽지 : 틈막이 초배(보수 초배)+심걸기
   풀칠은 물바름 방식(미즈바리 · 이중 풀칠) 또는 온통 풀칠
3. 특수 벽지 : 롤 부직포+심걸기(기둥 걸기. 운용지 1/2 사용)
   풀칠은 물바름 방식(미즈바리 · 이중 풀칠) 또는 온통 풀칠
   ① 지사 벽지
   ② 마직 벽지
   ③ 갈포 벽지 등
   ※ 최근엔 특수 벽지가 출제되지 않기도 한다.

(1) 단지·합지 시공 방법

제1단계 : 기초 작업(밑 작업)
① 게링 작업
㉠ 신축 건물
㉡ 기존 건물 : 뜯기 작업
② 틈막이 초배 작업
㉠ 속 네바리 : 속지 넣는 것
㉡ 홀 네바리 : 양쪽 갓면만 풀칠하는 것
㉢ 물 네바리 : 물에 적시는 것
③ 전기 기구 철거 : 기존 건물
④ 기존 바닥재 굽돌이 절단 작업 : 바닥 교체 시

제2단계 : 치수 재기와 재단 작업
① 치수 재기
㉠ 방 천장
㉡ 방 벽
㉢ 거실 천장
㉣ 거실 벽
② 재단 작업
㉠ 천장 재단
㉡ 벽 재단

제3단계 : 풀칠 작업
① 풀칠 방법 : 온통 풀칠
② 풀칠한 벽지의 보관 방법 : 비닐봉투에 넣어서 공기가 들어가지 않도록 한다.
③ 도배지 접기
㉠ 맞접기(2/3 접기)
㉡ 치마 주름 접기(주름 접기)

제4단계 : 도배 작업
① 도배를 하기 위한 도구 준비
② 천장(Ceilling · 반자) 시공
③ 벽(Wall) 시공

제5단계 : 마무리 작업
　① 기능사 : 시공에 하자 발생 우려가 없는지 점검
　② 보조자 : 주변 정리 및 도구 정리

(2) 실크(Silk)지 시공 방법

제1단계 : 기초 작업(밑 작업)
　① 게링 작업
　　　㉠ 신축 건물 : 핸디 작업(퍼티 작업)
　　　㉡ 기존 건물 : 뜯기 작업
　② 틈막이 초배 작업
　　　㉠ 기 네바리 : 짧은 네바리
　　　㉡ 긴 네바리 : 기다란 네바리
　　　㉢ 초배 작업 : 이음 초배, 보수지(심) 작업, 갓둘레 작업(뺑뺑이 작업)
　③ 전기 기구 철거 작업
　④ 기존 바닥재 굽돌이 절단 작업 : 바닥 교체 시
　⑤ 보양(커버링) 작업
　⑥ 핸디(Handy · Putty) 작업

제2단계 : 기둥 심걸기 작업
　① 부직포(T/C지) 치수 재기와 재단
　　　㉠ 천장(Ceiling · 반자)
　　　㉡ 벽(Wall)
　② 부직포(T/C지) 풀칠하기
　　　㉠ 천장(Ceiling · 반자)
　　　㉡ 벽(Wall)
　③ 부직포(T/C지) 접기
　　　㉠ 천장(Ceiling · 반자) : 치마 주름 접기로
　　　㉡ 벽(Wall)
　④ 부직포(T/C지) 걸기 작업
　　　㉠ 천장(Ceiling · 반자)
　　　㉡ 벽(Wall)

⑤ 운용지 붙이기
  ㉠ 풀칠
  ㉡ 접기

제3단계 : 치수 재기와 재단 작업
① 치수 재기
  ㉠ 방 천장
  ㉡ 방 벽
  ㉢ 거실 천장
  ㉣ 거실 벽
② 재단 작업
  ㉠ 천장 재단
  ㉡ 벽 재단

제4단계 : 풀칠 작업
① 온통 풀칠
  ㉠ 풀솔 풀칠 방법
  ㉡ 바가지 풀칠 방법
② 이중 풀칠

제5단계 : 도배 작업
① 실크지 도배 도구 : 칼받이, 퍼티(Putty)칼, 롤러(Roller · 도르래), 탄창, 실리콘 총(Silicone gun) 등
② 천장(Ceiling · 반자) 도배
③ 벽(Wall) 도배

제6단계 : 마무리 작업
① 기능사 : 시공에 하자 발생 우려가 없는지 점검
  ㉠ 맞물림선(하구찌)이 벌어지지 않았는지?
  ㉡ 우는 곳은 없는지? 등
② 보조자(대모도 · 시다) : 주변 정리 및 도구 정리
  ㉠ 버려지는 벽지는 주어서 쓰레기 봉지에 넣는다.
  ㉡ 주변을 깨끗이 정리한다.
  ㉢ 도배 도구를 깨끗이 씻는다.
    ⓐ 모든 작업이 끝나면 고객에게 인건비와 재료비를 받고 인사한다.

ⓑ 도배 시공에 이상(하자)이 있을 경우를 대비해 연락처를 남긴다.

(3) 글라스 시트(Glass Sheet) 시공 방법

글라스 시트는 유리창이 깨어져도 유리 파편이 시트에 붙어서 튀지 않고, 실내 분위기도 아늑해지며 창문의 표정도 바꿀 수 있다.

준·비·도·구
① 칼
② 줄자
③ 밀대(스퀴즈)
④ 마른 수건
⑤ 자
⑥ 분무기(스프레이 건·Spray Gun) : 분무기에 200cc 정도의 물에 서너 방울의 중성 세제 (퐁퐁, 자연퐁, 퓨어 등의 세제)를 탄 수용액을 넣어 준비한다(창문용 FixPix의 경우).

제1단계 : 치수 재기와 재단하기
① 시공면의 치수를 잰 후 실제 크기보다 2cm 정도의 여유를 두고 재단한다.
② 단, 면에 따라 2cm 이상의 여유를 두고 재단할 수도 있다.

제2단계 : 시공면 닦기
① 유리면에 붙은 먼지 및 기름기 등을 깨끗이 닦아낸 후 미리 준비한 수용액을 충분히 뿌린다.
② 벗겨낸 이면지 양면에도 고루 분무하여야 한다.

제3단계 : 붙이기
① 시트의 무늬와 유리창이 수평을 이루도록 위치를 손으로 가볍게 고정시키며 위에서 아래로 붙여 나간다.
② 시공면과 시트의 점착면 사이에 공기가 들어가지 않도록 유의한다.

제4단계 : 밀대로 밀기
밀대(스퀴즈)를 이용하여 붙이는 과정에서 안에 갇힌 기포와 수용액을 바깥쪽으로 밀어낸다.

제5단계 : 기포 빼기
미처 빼내지 못한 기포는 바늘이나 칼끝을 이용하여 시트의 표면에 칼집을 낸 후 제거한다.

제6단계 : 마무리

가장자리에 남은 여분의 시트는 칼과 자 또는 헤라를 이용하여 잘라내고 마른 수건을 사용하여 물기를 제거한다.

(4) 시트지 시공 방법

시트는 스티커처럼 이면지를 떼어내고 시공할 수 있어 가정에서 이용하기에 편리하다.

준·비·도·구

① 사포(샌드페이퍼)
② 프라이머
③ 바인더
④ 토치(+일회용 부탄가스) 또는 드라이기
⑤ 핸디(+핸디칼·퍼티칼)

제1단계 : 시공면 닦기
① 먼지 및 기름기 제거
② 튀어나온 이물질 제거

제2단계 : 치수 재기와 재단하기
시공면의 치수를 잰 후 면 상황에 따라 실제 크기보다 1~2cm나 그 이상의 여유를 두고 재단한다.

제3단계 : 붙이기
이면지를 5~8cm 정도만 먼저 떼어내어 맞추어 붙인 다음, 남은 이면지를 조금씩 떼어가며 붙인다.

제4단계 : 붙이기
시공면과 시트의 점착면 사이에 공기가 들어가지 않도록 유의하며 중심부에서 바깥쪽으로 눌러주며 붙인다.

제5단계 : 기포 빼기
붙이는 도중에 갇힌 기포는 시트를 조심스럽게 다시 떼어내 밀대(스퀴즈)를 사용하여 바깥쪽으로 밀어낸다.

제6단계 : 마무리
가장자리는 칼과 자 또는 칼받이나 삼각 헤라를 이용하여 깔끔하게 마무리한다.

PART 01 | 도배(塗褙)와 벽지(壁紙)

> **주의사항**
> 1. 낮은 온도(5℃ 이하)에서 시공하면 점착력이 떨어질 수 있다.
> 2. PVC 재질(FixPix)은 수축이 일어날 수 있으므로 이음 부분은 1~2mm 정도 겹쳐 붙인다.
> 3. 시공면의 요철(울퉁불퉁한 바탕면)은 샌드페이퍼(사포)를 이용하거나 퍼티(빠데)로 매끄럽게 기초 작업을 해준다. 모서리나 곡면 부위는 프라이머로 작업 처리하여 점착력을 높여준다.
> 4. 크게 재단된 시트지는 이면지를 한번에 많이 벗겨내면 서로 엉겨 붙을 수 있으므로 조금씩 벗겨내면서 시공하여야 한다.

(5) 시트 띠 벽지 시공 방법

제1단계 : 표시하기(연필 선 긋기)

시트 띠를 붙이기 전에 미리 전체적인 수평을 맞추어 표시를 해 둔다.

제2단계 : 붙이기

먼저 약 10cm 정도의 이면지만 떼어낸 후 띠(벽지)를 표시한 위치에 줄을 맞추어 붙인 다음, 나머지 이면지를 조금식 벗겨내며 부착한다.

제3단계 : 마무리

부드러운 천
깨끗한 천 ⎤ 으로 표면을 문지르면서 마무리한다.
목장갑 낀 손

(6) 접착식 벽지 시공 방법

접착식 벽지는 벽지 도배와 달리 어려운 풀 배합과 풀칠을 하는 작업 과정을 생략할 수 있어 시공 시간을 단축할 수 있고 누구나 손쉽게 시공 가능하다.

> **준·비·도·구**
> ① 커터칼
> ② 줄자
> ③ 자
> ④ 토치(작업 드라이기)
> ⑤ 밀대(스퀴즈, 플라스틱 주걱, 양모 헤라, 양모 펠트)
> ⑥ 수성 프라이머(물과 프라이머 혼합 비율 1 : 1)
> ⑦ 붓(수성 프라이머 붓)
> ⑧ 샌드페이퍼(사포)

제1단계 : 기초 작업(밑 작업)

시공할 면을 평평하게 하고 깨끗하게 정리하여야 한다.

① 먼지 및 이물질을 제거한다.

② 하자 발생이 우려되는 면은 사전에 예방 작업을 한다.

③ 수성 프라이머는 물과 비율을 1 : 1로 섞어서 시공할 면에 발라준다.

　　㉠ 바른 후에는 완전히 건조시켜야 한다(30분~1시간 정도).

　　㉡ 건조시키는 이유는 특히 모서리나 가장자리가 울거나 부분적으로 떨어지는 현상을 미연에 방지하기 위해서이다.

④ 시멘트면인 경우 게링(galling ; 평탄하게 하다, 벗기다) 작업을 한 후 수성 프라이머를 발라준다.

⑤ 페인트면인 경우 샌드페이퍼(사포)로 샌딩한 후 수성 프라이머를 발라준다.

⑥ 이외의 면에는 모서리나 가장자리만 수성 프라이머를 발라준다.

제2단계 : 치수 재기와 재단

시공면의 치수를 약 2cm 정도 여유를 두고 재단한다.

제3단계 : 붙이기

① 이면지를 약 5~8cm 정도만 먼저 떼어낸다.

② 한쪽 옆면을 보면서 수직으로 비뚤어지지 않게 맞추어 붙인다.

③ 조금씩 벗겨가면서(떼어가며) 중심부에서 양옆으로 펴준다는 기분으로 밀대(스퀴즈)로 밀어준다.

• 작업 시에는 울거나 기포가 생기지 않도록 한다.

기포가 생긴 경우

1. 조심스럽게 다시 떼었다가 붙인다.
2. 칼끝이나 바늘로 표면에 작게 칼집을 낸 후 기포를 제거한다.

※ 울거나 찢어질 수 있기 때문에 가능한 떼었다 붙였다를 삼가야 한다.

제4단계 : 칼질하기

칼받이를 이용하여 매끈하게 칼질한다(2mm 사용).

제5단계 : 마무리

작업 현장을 깨끗하게 정리한다.

> **주의사항**
> 1. 낮은 온도(5℃ 이하)에서 시공하면 점착력이 떨어질 수 있다.
> 2. PVC 재질(FixPix)은 수축이 일어날 수 있으므로 이음 부분은 1~2mm 정도 겹쳐 붙인다.
> 3. 시공면의 요철(울퉁불퉁한 바탕면)은 샌드페이퍼(사포)를 이용하거나 퍼티(빠데)로 매끄럽게 기초 작업을 해준다. 모서리나 곡면 부위는 프라이머로 작업 처리하여 점착력을 높여준다.
> 4. 크게 재단된 시트지는 이면지를 한번에 많이 벗겨내면 서로 엉겨 붙을 수 있으므로 조금씩 벗겨내면서 시공하여야 한다.

(7) 필름(Film) 시공 방법

준·비·도·구

① 플라스틱 스퀴즈, 양모 스퀴즈
② 줄자
③ 헤어 드라이기
④ 쇠자
⑤ 재단용 칼 · 커터 칼
⑥ 천(컬레)
⑦ 폴리 퍼티(빠데)
⑧ 샌드페이퍼
⑨ 청소용제 : 알코올, 래커, 시너 등
⑩ 브러시 : 유기용제 도장용

제1단계 : 사전 작업

① 기재면 처리

㉠ 필름은 평탄한 소지면에서 최상의 접착력을 발휘할 수 있다.

㉡ 표면에 오염된 부위는 필름과의 부착력 등을 저하시키므로 알코올 또는 래커, 시너를 적신 천으로 묻은 먼지나 기름 등의 오염 물질을 제거한다.

ⓒ 표면의 요철부는 그라인더나 샌드페이퍼 등으로 매끄럽게 연마한다.

ⓔ 스폿 용접 등으로 발생한 돌출 부위는 폴리퍼티로 메꾸고 180번 이상의 샌드페이퍼를 사용하여 기재면을 매끄럽게 손질해 준다.

ⓜ 합판, PBC, MDF 등 인테리어 목질 소지면 시공 시에는 목질 소지면 조립 시 사용된 피스나 타카 등의 자국을 퍼티 등으로 충분히 평탄해지도록 사전 전처리 작업을 한다.

ⓗ SUS, 갈바(Zinc Metalizing), 알루미늄 등의 비철금속 소지면, 도장 강판(PCM이나 분체) 등의 금속 소지면 작업 시에는 접착력 향상 및 평활도를 고려하여 녹, 기름 및 용접 자국을 점검하여 사전에 충분히 제거 작업 및 정지 작업을 하여야 한다.

ⓢ 석고 보드면 작업 시의 이음부 처리 시 사용되는 콤파운드나 테이프에 대한 충분한 평활도를 사전에 확보하여야 하며, 일부 시공 시 적용되는 피스나 타카에 대해서도 퍼티로 평활도를 확보하여야 한다.

② 시공단 확인 및 제품 재단

ⓐ 제품은 동일 색상 및 동일 Lot 제품으로 시공하여야 한다.
동일 생산 일자라도 Lot가 다를 수 있음에 주의하여야 한다.

ⓑ 필름과 프라이머는 시공 24시간 전에 시공 장소에 보관하고, 시공 전 24시간부터 시공 후 48시간은 18℃의 실내 온도 이상을 유지해야 한다.

ⓒ 이면에 인쇄된 재단선은 시공 참조용으로 실측값과 다를 수 있으므로 정확한 재단을 위해서는 줄자와 같은 도구를 사용하여야 한다.

ⓓ 접착면의 치수보다 4~5cm의 여유를 두고 재단한다.

③ 게링 작업

④ 프라이머 작업

ⓐ 기재에 인테리어 필름 전용 프라이머(Primer)를 자국이 생기지 않도록 균일하게 도포한다.

ⓑ 스프레이 또는 붓을 사용하며, 반드시 수성 프라이머는 원액을 사용하고, 유성 프라이머는 용제를 3 : 1 이하의 비율로 희석하여 사용한다.

제2단계 : 치수 재기와 재단
① 치수 재기 : 시공하고자 하는 기재의 접착면의 치수를 측정하고 필요한 수치보다 여유를 둔다.
② 재단 : 여유 있게 치수 재기(측정)한 것을 재단한다.

제3단계 : 시공
① 피착면의 상단 : 필름의 이형지를 5~10cm를 떼고 붙여서 전체적인 중심을 맞춘다.
② 이형지 벗겨내기 : 전체적인 중심을 맞춘 다음 이형지를 벗겨내면서 스퀴즈를 중앙 부위부터 압착시키며, 동일 방향으로 좌우로 압착시켜 나간다.
③ 기포 작업 : 작업 중 기포가 생길 경우 필름을 벗기고 다시 스퀴즈로 눌러가며 시공하고, 작은 기포는 핀이나 바늘 또는 칼끝으로 구멍을 낸 후 주변을 압착시켜 공기를 빼어낸다.
④ 드라이기 작업
　㉠ 기온이 10℃ 이하의 경우 드라이기로 시공 부위를 전체적으로 가열하면서 접착한다.
　㉡ 모서리 또는 곡면 시공의 경우 전체적으로 균일하게 가열시킨 후 주름이나 기포가 생기지 않도록 잡아당기면서 스퀴즈로 접어 붙인다. 단, 부분적으로 가열 시 제품에 변형이 생길 수 있으므로 주의하여야 한다.
　• 필름 방향을 다르게 시공할 경우 색상이 다르게 보일 수도 있다.

시공 전 각 부자재에 표시된 안내 사항을 반드시 읽어보고 정확한 사용 방법과 주의사항을 이해한 후 제품을 사용하여야 한다.
1. 보관 및 운반 시
　① 제품은 포장 박스채로 눕혀서 보관하고, 사용하고 남은 잔량도 가급적이면 박스에 넣어서 보관하여야 한다.
　② 필름 및 프라이머는 그늘진 장소에 보관하고, 수성 프라이머는 동절기에 동결되지 않도록 유의하여야 한다.
2. 시공 시
　① 유성 프라이머는 유기용제가 함유되어 있어 일정량 이상 흡입 시 중독이나 환각 증상이 발생할 수 있으므로 냄새를 맡거나 먹지 말아야 한다.
　② 유성 프라이머 및 청소용제에는 가연성 유기용제가 함유되어 있으므로 화기(인화)에 주의하여야 한다.
　③ 시공 시에는 시공용 장갑을 착용하고 시공하여야 한다.

④ 프라이머 작업 시에는 충분히 건조시킨 후 시공하여야 한다.
⑤ 제품 표면에 먼지, 물, 기름 등 이물질이 있을 경우 오염될 수 있으므로 즉시 제거하여야 한다.
⑥ 어두운 장소에서의 시공은 기포 및 오염 등을 확인하지 못할 수 있으니 보조 조명 등을 사용하여야 한다.

손재주의 우수성

우리나라 사람들은 손재주가 좋다고 한다. 이를테면 계란(달걀) 부화 시에 암컷과 수컷을 손으로 감별할 수 있는 민족은 한민족뿐이라고 한다. 외국 사람들은 계란을 만져보고 암·수컷을 감별해 내는 것을 보고 참으로 신기하게 생각한다. 이러한 손재주는 우리 선조들의 덕택이 아닌가 생각한다. 어른들은 이런 말씀을 하신다. "느그 애들 젓가락, 숟가락질은 꼭 하도록 시켜라."라고 하시고, 심지어는 때려서라도 숟가락, 젓가락질을 꼭 하도록 하라고 충고한다.

국제기능올림픽을 휩쓰는 것을 보아도 증명이 되며, 도공들의 도자기를 만들어 구워내는 솜씨, 어머니들의 바느질 솜씨, 뜨개질 솜씨, 스포츠에서 탁구나 양궁에서도 그 우수성이 증명된다고 하겠다. 속설에 청계천에 가면 탱크와 비행기 빼고는 다 만든다는 이야기도 있다.

그만큼 한국 사람들의 손재주는 뛰어나다고 할 수 있다. 이러한 손재주가 있는 근본적인 원인은 동서고금을 막론하고 유일하게 젓가락과 숟가락을 병행하여 사용하는 민족은 한민족밖에 없다는 것이다. 그래서 한국 사람들이 도배(塗褙)를 잘하는 것이 아닌가 생각되며, 특히 여성의 도배 인구가 많은 것도 손재주가 있기 때문이 아닌가 사료된다. 또 다른 이유는 해방 이후 1960~1970년대에 먹고살기 힘들어서 여성들이 직업 전선에 뛰어들었기 때문인 것 같다.

(8) 한지 도배 시공 방법

제1단계 : 초벌 도배

① 맨 벽에 한지를 밀착시킨다(붙인다).
② 초벌 도배는 1~2번 한다.

제2단계 : 띄어 바르기(공간 초배)

① 띄어 바르기를 하는 이유는 한지 전체에 풀칠을 하여 붙이면 벽면의 고르지 못한 부분이 그대로 드러나기 때문에 그러한 것을 커버(방어)하기 위해서이다.
② 띄어 바르기를 하면

㉠ 가장자리만 풀을 바르면 풀이 마르면서
㉡ 한지 전체를 당겨주어 한지가 반듯해지고
㉢ 벽면의 울퉁불퉁한 부분은 드러나지 않고 아름답게 보인다.
㉣ 맨 벽의 딱딱한 질감이 사라지고 푹신푹신한 느낌을 주어 안락한 분위기가 조성된다.
㉤ 차가운 바깥 바람을 막아주어 따뜻한 방안 온도를 유지한다.
③ 띄어 바르기는 같은 방식으로 한지를 2~3번 덧바른다.

제3단계 : 한지 벽지 도배(시공)

이렇게 초벌 도배와 띄어 바르기를 한 다음 한지 벽지를 도배하는 '정성'이 필요하다. 최근에는 초벌로 얇은 종이를 한 번 바른 뒤 벽지를 도배하는데, 이렇게 하면 시멘트에서 나오는 성분에 의해 종이가 쉽게 삭아버리는 경우가 생길 수 있다.

제4단계 : 코팅

한지 벽지를 도배한 뒤에는 '해초 끓인 물을 벽지에 바르거나', '우뭇가사리 끓인 물'을 발라주는 코팅 과정을 거치면 한지 도배 작업(시공)이 완료된다. 코팅 과정을 거치는 이유는 벽지의 보푸라기를 없애고 먼지가 앉는 것을 막기 위해서이다.

주의사항

1. **한지 도배 시공 시**
   ① 한 번 바르고 풀이 마를 때까지 행여 한지가 터지거나 상하지 않는지 돌보는 과정을 반복한다.
   ② 전통 한지 도배의 핵심은 '기다림'이다.
   ③ 도배가 끝난 한옥 방은 온기가 돌면서도 통풍이 잘 되는 친환경 공간이 된다. 또한 한지의 색감은 오래도록 자연스럽게 유지된다. 하지만 요즈음은 이런 방식을 사용하는 경우가 거의 없으며, 한옥 도배도 한지 대신 '부직포(T/C지)'를 사용하는 경우가 많다.
   ④ 보통 벽지는 초배를 하고 초배지가 마르기 전에 종이 벽지를 바르지만, 한지 도배는 '빨리 빨리'가 없다. 벽에 초벌 한지를 바른 뒤 풀이 마르기 전에 한지를 덧바르면 곰팡이가 생길 수 있기 때문이다.
   ⑤ 한지 장판도 마찬가지이다. 초벌 한지가 마르기 전에 장판지를 바르면 같은 현상이 일어난다.

2. **한지 장판 깔기 전**
   ① 바닥에 한지 장판을 깔기 전에도 한지를 바른다.
   ② 요즈음은 장판 위에 니스를 칠하는 경우가 많은데, 공기가 통하지 않아 한지가 숨을 쉬지 못한다. 이를테면 바닥에 유리를 깐 형국이다.
   ③ 전통 방식은 공기가 잘 통하면서 장판을 보호해 주는 '콩댐'이다.
   ④ '콩물과 들기름'을 섞은 액체를 발라야 바닥이 숨을 쉬고 자연스럽게 윤이 난다.

3 현장 상황에 따른 도배 시공의 유형

(1) 기존 건물의 경우 합지 도배의 시공 유형
   ① 뜯어내야 할 부분만 뜯어내고 틈막이 초배(보수 초배) 및 일부 초배지 작업을 하고 시공
   ② 기존 벽지가 데크론 합지, 실크지, 기타 특수 벽지로 시공되어 있을 경우에는 뜯어내고 기초 작업(밑 작업)을 하고 시공
   ③ 틈막이 초배(보수 초배)는 틈(크랙 · Crack)이 있는 부분에 하는 기초 작업임.

(2) 새 건물의 경우 도배의 시공 유형
   ① 틈막이 초배(보수 초배)만 하고 시공
   ② 틈막이 초배(보수 초배)와 초배지 작업을 하고 시공
   ③ 바탕면이 좋지 않은 경우에는 롤 부직포를 가로로 붙이고 도배
   ④ 바탕면이 좋지 않은 경우 한두 폭 정도는 이중 풀칠하여 도배

(3) 실크(Silk)지 도배의 시공 유형
   ① 온통 풀칠로 시공하는 경우
      ㉠ 시멘트(모르타르) 벽면에 초배 작업 없이 온통 풀칠하여 도배한다.

      > [부연설명]
      > 이러한 유형의 시공은 임대 상가나 임대 주택 등 시공비 절감 차원에서 시공하는 것으로 벽의 바탕면 상태가 양호한 경우 가능하다.

      ㉡ 틈이 생긴 부분(Crack)에는 틈막이 초배(보수 초배) 작업을 하여야 한다.
      ㉢ 각 초배지 또는 롤 초배지(Roll lining paper)로 초배하고 온통 풀칠하여 도배한다.

      > [부연설명]
      > 보온 및 시멘트 독성 예방, 벽지의 들뜸 방지 등의 차원에서 초배 작업을 한다.

      ㉣ 바탕면에 핸디 작업(퍼티 작업)을 한 뒤, 롤 운용지로 초배하고 온통 풀칠하여 도배한다.

[부연설명]
고급 벽지(레자 벽지 등)로 도배할 때 기초 작업(밑 작업)을 하는 것으로 인해서 인건비가 많이 들어 견적가가 높게 책정된다.

② 이중 풀칠(물칠＋된 풀칠)로 시공하는 경우
   ㉠ 운용지로만 기둥 심걸기 작업을 하고 이중 풀칠하여 도배 : 갓둘레(벽면의 가장자리)는 운용지를 재단하여 초배한다.
   ㉡ 운용지로 공간 초배지(겉지와 속지, 후꾸루·초배) 작업을 하여 기둥 심걸기 작업을 하고 이중 풀칠하여 도배한다.
      ⓐ 보수 초배는 기 네바리로 한다.
      ⓑ 가장자리는 운용지 또는 봉투 네바리(봉투 뺑뺑이)로 기초 작업을 한다.
   ㉢ 절단된 부직포 작업 : 절단된 부직포(폭 55cm)로 천장 밑벽의 바탕면에 기둥을 걸어 운용지로 덧씌우고 이중 풀칠하여 도배한다.

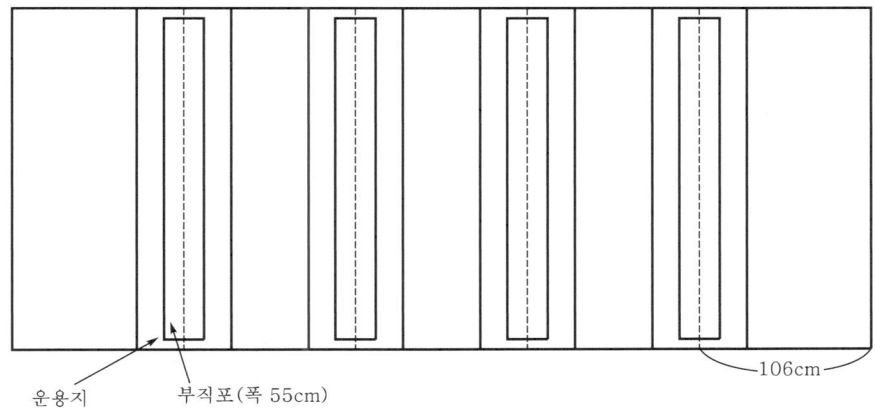

운용지   부직포(폭 55cm)   106cm

[부연설명]
바탕면이 아름답지 못한 벽면에 시공하는 방법으로 몇 가지 장점이 있다.
① 바탕면을 감추어 줄 수 있다.
② 공기의 순환을 돕는다.
③ 시멘트 독성이 나오는 것을 예방할 수 있다.
④ 냉온 효과가 있다.

주지사항

1. 시공의 어려움이 있어 많은 숙련이 필요하다.
   - 풀칠 및 도배
2. 보수 초배는 기 네바리로 한다.
   ① 기 네바리 : 네바리 길이가 짧은 것
      - 이중 풀칠 도배 시
   ② 긴 네바리 : 네바리 길이가 긴 것
      - 온통 풀칠 도배 시
3. 바탕면의 가장자리는
   ① 운용지를 재단하여(폭 약 15cm) 갓둘레(일명 뺑뺑이)를 돌리어 벽지의 접착력을 돕는다.
   ② 봉투 네바리(봉투 뺑뺑이)로 갓둘레를 돌려 접착력 및 도배 시공의 미를 창조한다.

ㄹ 롤(Roll) 부직포 작업 : 바탕면에 가로로 걸고 폭 106cm로 연필 선 긋기(히로시) 한 곳에 운용지로 기둥 심걸기 작업을 하고 도배하는 방법이다.

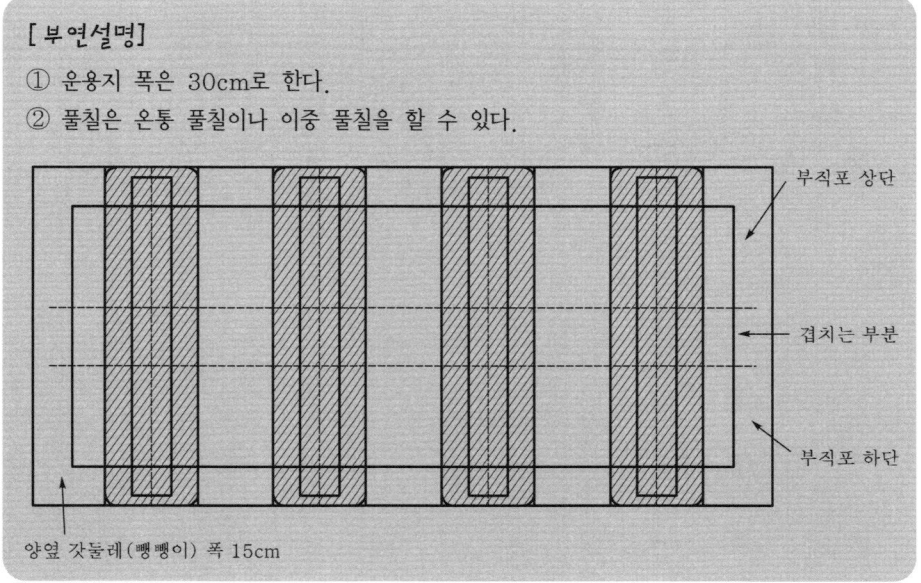

[부연설명]
① 운용지 폭은 30cm로 한다.
② 풀칠은 온통 풀칠이나 이중 풀칠을 할 수 있다.

→ 부직포 상단
← 겹치는 부분
→ 부직포 하단

양옆 갓둘레(뺑뺑이) 폭 15cm

PART 01 | 도배(塗褙)와 벽지(壁紙)

도배지 시공 모습

[사진 1-6] 밀대를 사용하여 '발포 도배지'를 뜯는 모습

[사진 1-7] 재단하는 모습

PART 01 | 도배(塗褙)와 벽지(壁紙)

[사진 1-8] 운용지에 풀칠하는 모습

[사진 1-9] 풀칠한 운용지를 접는 모습

도배기능사 실기문제 해설집

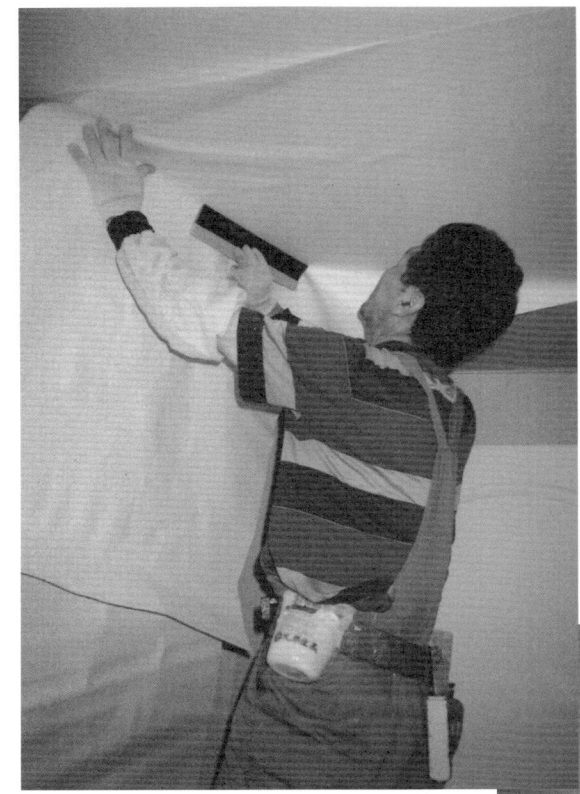

[사진 1-10] 천장을 밀고 나가는 모습

[사진 1-11] 천장 실크지를 뜯는 모습

PART 01 | 도배(塗褙)와 벽지(壁紙)

[사진 1-12] 천장 도배 자세(1)

[사진 1-13] 천장 도배 자세(2)

Chapter 06 도배 작업 시의 안전교육

(1) 벽지(壁紙) 취급 시

　　벽지와 운용지 취급 시 주의해야 한다.
　　① 절취선의 날카로움에 손가락을 베일(다칠) 우려가 있다.
　　② 목장갑을 끼고 작업해야 한다.

(2) 커터칼 사용 시

　　① 칼날을 갈아 끼울 때 주의해야 한다.
　　② 옆차기에 넣을 때와 뺄 때 넓적다리(다리 옆)를 찌르는 경우가 있다.
　　③ 재단할 때 주의해야 한다.
　　　　㉠ 손가락이나 발가락 부분을 다칠 우려가 있다.
　　　　㉡ 손톱이 잘리는 경우가 있다.
　　　　㉢ 손가락 끝부분의 살집이 잘리는 경우가 있다.

(3) 풀 사용 시(미끄럼 예방)

　　① 바닥에 풀기가 있으면 우마(발판)에 올라가기 전에 미끄러질 수 있다.
　　② 우마(발판) 위의 풀기를 물걸레로 닦아주어 제거해야 한다.
　　③ 풀칠이 된 벽지를 밟을 경우 넘어질 우려가 있으니 주의해야 한다.
　　④ 풀기 있는 목장갑은 교체하거나 빨아서 사용해야 한다.
　　⑤ 원룸의 복층을 오르내릴 때 주의해야 한다.

(4) 우마(발판) 사용 시

　　① 우마를 확실하게 펴고 접어야 한다. 그렇지 않을 경우 우마가 푹 꺼져 넘어질 우려가 있다.
　　② 이동 시 다리에 부딪칠 수 있으니 주의해야 한다.
　　③ 바쁠 때에는 우마 위에 벽지를 깔아둔다.

(5) 전기 감전 주의

　　물기가 있는 손으로 콘센트나 스위치를 만질 때 감전될 수 있으니 주의해야 한다.

(6) 기타 도배 도구 취급 시

　　① 쇠헤라는 시멘트 벽면의 부스러기를 긁어내는 도구로, 사용 시 시멘트 가루가 눈에 들어가지 않게 주의해야 한다.
　　② 드릴 꼬챙이를 세게 사용하면 풀이 튀어 위험하므로 천천히 사용해야 한다.
　　③ 아크졸은 눈에 들어가면 실명의 위험이 있으므로 취급 시 주의해야 한다.

PART **02**

도배기능사 국가기술자격 실기시험 문제해설

* 도배(塗褙)는
  힘으로 하는 것이 아니라 손맛으로 하는 기술(Skill)이다.

* 도배(塗褙)는
  정직한 상품이며 美를 창조하는 예술(Art)이다.

도배기능사 실기문제 해설집

Chapter 01 도배기능사 수험정보

1 도배기능사의 개요

(1) 도배기능사란?
소·중·대단위 아파트 단지가 조성되면서 도배기능사의 수요를 절감하면서, 전문적인 도배일을 수행하는 기술자(기능사)를 양성하여 도배일을 의뢰하여야 되겠다는 필요조건이 발생되었다. 이후 건축 공정의 효율성과 기능성을 갖춘 도배 인력을 배출할 목적으로 도배기능사 자격제도를 국가에서 제정하게 되었다.

(2) 변천과정
1974년 도배기능사 2급으로 신설되었고, 1999년 3월에 도배기능사와 기능사보로 구분하였다가, 그 후 구분 없이 기능사로 명명하고 있다.
- 2020년 도배기능사 실기시험 전면 개정 – 새로운 부스(booth) 탄생

(3) 수행직무
시공 바탕면을 도배할 수 있도록 기초 작업을 하고 틈막이 초배(보수초배·네바리)와 초배작업(초배지·운용지)을 한다. 그 후 도배지(단지, 합지, 실크지, 특수 벽지 등)를 재단하고 도배지에 맞는 풀 배합을 알맞게 하여 풀칠을 하고 숙성을 시킨 다음 도배(정배)를 한다.

(4) 도배기능사 국가기술자격을 취득하면
① 산업재해 혜택
② 건설회사 수주 제출서류로 필요
③ 기능사 대우
④ 인건비(일당) 계산
⑤ 자영업 시 유리
⑥ 소비자(고객)의 믿음
⑦ 취업 시 필요

(5) 시행처 : 한국산업인력공단

2 도배기능사 실기시험 정보

(1) 지급재료 목록

번호	재료명	규격	단위	수량	비고
1	종이벽지(광폭)	폭 930mm	m	8.85	0.5롤(무늬 있음.) ※ 미미선(겹침선)이 왼쪽 또는 오른쪽에 위치할 수 있음.
2	종이벽지(소폭)	폭 530mm	m	25	2롤(무늬 없음.)
3	실크벽지	폭 1,060mm	m	7.8	0.5롤(무늬 있음.)
4	운용지	700×1,000mm	장	4	
5	각초배지	450×860mm	장	40	
6	부직포초배지	폭 1,100mm	m	4.5	
7	풀	1kg	봉	6	

※ 실제 지급되는 벽지 등의 크기는 지급재료목록에 명기된 규격과 차이가 날 수 있음.
※ 국가기술자격 실기시험 지급재료는 시험종료 후(기권, 결시자 포함) 수험자에게 지급하지 않음.

(2) 수험자 지참준비물 목록

번호	재료명	규격	단위	수량	비고
1	풀솔	도배용	EA	2	
2	정배솔	도배용	EA	1	마감솔
3	거품기	수동	EA	1	
4	도배용 칼	도배용	EA	2	
5	줄자	3m 이상	EA	1	
6	쇠헤라	도배용	EA	1	쇠헤라
7	풀판	도배용	EA	1	임의 개수
8	연필	사무용	EA	1	
9	롤러	도배용	EA	1	
10	칼받이	도배용	EA	2	3/5t, 7/10t
11	걸레	도배용	EA	1	
12	목장갑	도배용	EA	1	
13	작업화(실내화)	도배용	EA	1	슬리퍼, 샌들류 착용 시 응시 불가
14	밑자	도배용	EA	1	칼판
15	기타 도배 작업에 필요한 공구 일체	임의	기타	1	전동공구 제외

(3) 시험장에서 준비되는 준비물
　　① 발판(우마, うま)
　　② 풀대야
　　③ 물통

(4) 검정방법 및 합격기준
　　① 시행 중
　　　　㉠ 1차 중간 채점 : 초배
　　　　㉡ 2차 중간 채점 : 정배
　　② 시행 후 : 시험이 끝나면 다음 시험에 지장이 없도록 도배한 면의 도배지를 깨끗이 제거한다.
　　③ 전형방법 : 작업형
　　④ 채점의 중요 포인트
　　　　㉠ 주어진 도면을 보고 초배작업 및 정배작업을 하는 능력을 평가한다.
　　　　㉡ 시간 내에 작업 완성 : 시험시간을 초과하지 말아야 한다.
　　　　㉢ 오작업을 하지 말아야 한다.
　　　　㉣ 절대 평가제 : 100점 만점에 60점 이상이면 합격

(5) 도배작업과정
　　① 초배작업
　　　　㉠ 보수초배(네바리)
　　　　㉡ 밀착초배
　　　　㉢ 공간초배
　　　　㉣ 부직포(T/C지) 걸기
　　　　㉤ 운용지 심(기둥)걸기
　　② 도배작업
　　　　㉠ 천장 : 소폭 합지/커튼 포함
　　　　㉡ A벽 : 소폭 합지
　　　　㉢ B벽 : 실크벽지
　　　　㉣ C벽 : 광폭 합지

 **주의사항**

1. 실기시험장 **입실 전**
   ① 신분증을 확인한다.
   ② 수험번호를 받는다(등 뒤에 부착).
   ③ 부스(방)를 배정받는다.
2. 실기시험장 **입실 후**
   ① 평면도와 유의사항 지급받음.
   ② 유의사항 설명 및 질문 : 시공에 관한 구체적인 제시(기억)
   ③ 실기시험 후 평면도와 유의사항 제출
3. 천장과 벽에 시공하는 내용은 다를 수 있으므로 평면도와 유의사항을 잘 검토하여 오작업을 하지 않도록 유의하여야 한다.
   ※ 실기시험 문제해설만 충실히 이해하고 실행할 수 있다면 내용이 바뀌더라도 시공하는 데에는 문제가 되지 않을 것이다.
   ※ 실기시험 도중 커터날에 손가락을 베었을 때 지혈이 되지 않으면 퇴장 조치당할 우려가 있으므로 만약을 대비하여 일회용 반창고, 연고 등을 준비하여 가는 것이 좋다.

 **부직포 초배지(T/C지)란?**

전통 한지와 장섬유 부직포(non-woven fabric)를 특수 가공 처리하여 만든 초배지이다. 그리고 벽지의 다양한 기능을 보완 대처할 수 있다.

〈장점〉
① 고강력으로 파열 방지 및 우수한 보온 단열 효과가 있다.
② 내구성이 뛰어나고 내열성, 내한성이 좋으며 방음 효과가 있다.
③ 방부성 및 특수성, 통기성이 좋아 시공 후 부패 방지와 건조가 뛰어나다.
④ 내약품성이 뛰어나 신축 건물의 시멘트 알칼리성을 1차 방지하는 효과가 있다.
⑤ 간편한 1회 시공으로 시공 시간과 인건비를 절감할 수 있다.

〈사용 방법〉
① 풀 배합 : 풀+본드+바인더
② 딱솔 사용
③ 시공 후 충분히 환기시키고 완전 건조 후 정배

Chapter 02 도배기능사 공개문제(2025년 시행)

1 요구사항

주어진 가설물에 지급된 재료를 사용하여 다음 조건에 따라 도면과 같이 도배작업을 하시오.

(1) 공통사항

① 스위치, 콘센트는 덮개만을 분리하여 작업하며, 정배 후 제자리에 부착하여야 한다.

② A벽과 B벽의 합판이음 부분과 보의 모서리(C벽), 출입문 부근의 모서리에 각 초배지를 재단하여 보수초배하시오. 이때 보수초배는 속지(안지)끼리 10mm 겹침하여 연결하시오.

※ 천장 등 지정하지 않은 부분은 보수초배하지 않는다.

③ B벽의 실크벽지와 C벽(보 제외)의 종이벽지(광폭) 이음 부분에는 운용지를 재단하여 폭 300mm를 표준으로 심(단지) 바르기를 하시오.(단, 벽지의 이음 부분이 심(단지)의 중앙에 위치하도록 하고, 부직포 공간초배 부분은 부직포 위에 심(단지) 바르기를 하시오.)

④ 심(단지) 바르기의 각 장의 겹침은 50mm로 하시오.

⑤ 초배는 끝선에서 마감하시오.

⑥ 정배작업은 천장과 벽체의 종이벽지를 모두 시공한 후 실크벽지를 시공하시오.

⑦ 종이벽지는 겹침 시공, 실크벽지는 맞댐 시공하며, 무늬벽지인 경우 벽지의 이음 부분의 무늬를 맞추어 작업하시오.(단, 벽체에서 종이벽지 이음 부분의 겹침폭은 겹침을 위해 제작된 폭을 기준으로 하며, 천장에서 종이벽지 이음 부분의 겹침폭은 10mm로 하시오.)

⑧ 정배 시 지정된 장소(C벽의 보 하부) 외에는 길이방향으로 중간에 이음 및 겹침 없이 작업하시오.

⑨ C벽에서 보 하부와 접하는 벽체 부분에 벽지의 겹침을 두어야 하며, 겹침폭은 10mm로 하시오. 이때 무늬를 맞춰서 작업하되 겹침폭을 고려하시오.

⑩ 벽체의 인코너 부분에는 벽지의 겹침을 두어야 하며, 겹침폭은 10mm로 하시오.

⑪ 벽체의 무늬벽지 정배 시 벽체(C벽은 보) 상단의 벽지무늬를 살려서 도배하시오.

⑫ 벽체(C벽은 보)와 연결되는 커튼박스 부분 정배 시 쪽(벽지 조각)을 사용하지 않고 벽체(C벽은 보)와 한 장으로 작업하시오.

⑬ 정배작업 시 천장과 벽체의 반자돌림대, 바닥의 걸레받이 부분, 창틀과 문틀은 칼질마감하시오.(단, 커튼박스 내부는 제외)

⑭ 풀 농도는 다음과 같이 구분하여 사용하시오.

용 도	밀착초배	종이벽지, 힘받이 보수초배, 단지(심) 바름	실크벽지	공간초배 부직포
구 분	묽은 풀	보통 풀	된 풀	아주 된 풀

⑮ 도배작업 후 반자돌림대, 걸레받이 및 창과 문틀에 묻은 풀은 깨끗이 제거하시오.

(2) 공간초배(천장)

① 공간초배 시 천장의 4방 모서리에서 100mm까지 밀착초배로 하고(힘받이), 힘받이와 힘받이 연결 시 겹침폭은 10mm, 힘받이와 공간초배의 겹침폭은 10mm로 하시오.

② 전등 주위에는 도면(전등 주위 힘받이 시공)과 같이 밀착초배를 하고(힘받이), 힘받이와 공간초배지의 겹침폭은 10mm로 하시오.

  ※ 전등 주위 힘받이는 200mm×200mm로 재단한 각초배지를 활용하며, 각초배지 중앙에 전등이 위치하도록 붙인다.

③ 2등분 한 각초배지(30매 이상)를 이용하여 공간초배작업을 하시오.

④ 공간초배는 바깥쪽에서 붙이기 시작하여 가장 안쪽에서 최종 마무리하시오.

⑤ 공간초배 시 4면 풀칠을 하되, 가장자리 풀칠의 폭은 10mm로 하고, 공간층에는 풀이 묻지 않도록 하시오.

⑥ 공간초배지의 겹침폭은 100mm 이상으로 하시오.

(3) 밀착초배(A벽)

① 밀착초배지의 겹침폭은 10mm로 하시오.

② 밀착초배는 안쪽에서 붙이기 시작하여 가장 바깥쪽에서 최종 마무리하시오.

③ 주름과 기포 없이 시공하시오.

④ 커튼박스 내부 벽면은 밀착초배하지 않는다.

(4) 부직포 공간초배면(C벽)

① 보 부분을 제외하고 벽면 부분만 부직포 공간초배를 하시오.

② 부직포 초배지를 횡(수평)방향으로 바르되, 하단(온장)을 먼저 바른 후 상단(온장)을 바르시오.
③ 부직포 초배지는 마감 끝선까지 바르며, 가장자리 풀칠의 폭은 100mm로 하시오.
④ 공간층에는 풀이 묻지 않도록 하시오.
⑤ 콘센트 가장자리 풀칠의 폭은 100mm로 하시오.

(5) 천장면(정배)
① 정배지(종이벽지)는 B벽과 평행(정면에서 볼 때 가로방향)하게 붙이되, 안쪽부터 붙이기 시작하여 가장 바깥쪽에서 최종 마무리하시오.
   ※ 안쪽과 중간 부분의 벽지는 온장을 사용하되, 안쪽의 벽지는 50mm 이상 잘라내지 않도록 하시오.
② 커튼박스 내부는 종이벽지(소폭)를 사용하며, 인코너 부분은 10mm 겹침을 주어 붙이시오.
   ※ 커튼박스 내부의 정배는 몰딩 상단의 내부 벽체 끝선에서 마감하시오.

2 수험자 유의사항

① 지급된 재료에 이상(파손 및 부패)이 있을 때는 시험위원의 승인을 얻어 교환할 수 있으나, 수험자의 실수로 인한 것은 추가 지급받지 못한다.
② 도면에서 지시한 사항 및 가설물의 치수를 반드시 실측한 후 작업한다.
③ 무늬가 있는 벽지의 경우 시험위원이 사전에 무늬의 상·하단을 지정하여야 하며, 수험자는 지정된 내용에 따라 작업해야 한다.(단, 시험위원 무늬 상·하단 지정에 따라 종이벽지(광폭)의 미미선(겹침선)이 벽지의 왼쪽 또는 오른쪽에 위치할 수 있음)
④ 한 벽면에 합판의 이음 부분이 2개소 이상인 경우 시험위원이 지정한 가장 긴 수직이음 부분 1개소만 보수초배한다.
⑤ 모든 초배작업이 끝난 후 중간 채점이 진행되며, 채점된 작업내용은 수정, 보완할 수 없다.(중간 채점에 소요된 시간은 시험시간에서 제외)
⑥ 시험위원의 최종 채점이 끝나면 수험자는 가설물의 도배지를 깨끗이 제거하여야 하며, 도배지를 제거하지 않을 경우 감점된다.

⑦ 시험 중 수험자는 반드시 안전수칙을 준수해야 하며, 안전수칙을 준수하지 않았을 경우 감점된다.
⑧ 다음 사항은 실격에 해당하여 채점대상에서 제외된다.
　㉠ 수험자 본인이 수험 도중 시험에 대한 포기(기권)의사를 표시한 경우
　㉡ 지급된 재료 이외의 재료를 사용한 경우
　㉢ 시험 중 시설·장비의 조작 또는 재료의 취급이 미숙하여 위해를 일으킬 것으로 시험위원 전원이 합의하여 판단한 경우
　㉣ 슬리퍼나 샌들류를 착용하고 시험에 응시하는 경우(응시 불가)
　㉤ 시험시간 내에 요구사항을 완성하지 못한 경우
　㉥ 완성된 작품에 스위치, 콘센트, 전등의 덮개가 일부라도 제자리에 부착되어 있지 않은 경우
　㉦ 중간 채점 및 최종 채점 시 작품이 다음과 같은 경우
　　ⓐ 각각의 벽체, 천장에 대해 주어진 요구사항의 작업요소가 누락되거나 상이한 경우
　　ⓑ 도면 및 요구사항의 치수내용에 대해 치수오차 ±20mm 이상인 경우(실크벽지 맞댐이음 부분의 실크벽지 간 맞댐간격은 치수오차 ±2mm 이상인 경우)
　　　※ 종이벽지 및 실크벽지 무늬 맞추기의 치수오차 ±20mm 이상인 경우
　　　※ 벽지의 이음 부분이 심(단지)의 중앙에서 50mm 이상 벗어난 경우
　　ⓒ 초배지, 종이벽지, 실크벽지가 50mm 이상 파손된 경우
　　ⓓ 도배 시 아래 기본원칙을 지키지 않은 경우
　　　• 풀 농도 구분을 못할 경우
　　　• 도배지의 상·하단이 바뀐 경우
　　　• 요구사항 중 공통사항 ⑬의 칼질마감 부분을 칼질 없이 마감한 경우
　　　• 종이벽지 겹침이음 시 겹쳐지는 두 벽지의 끝단형태가 동일한 경우
　　　• 종이벽지 겹침이음 시 겉지(얇은 부분)와 안지(두꺼운 부분)가 바뀐 경우
　　　• 천장면정배 시 가장 안쪽의 벽지를 50mm 넘게 잘라낸 경우
　　ⓔ 완성된 작품이 출제내용과 다른 경우

3 공개문제 도면

(1) 문제 도면

자격종목	도배기능사	과제명	침실 정배	척 도	N.S

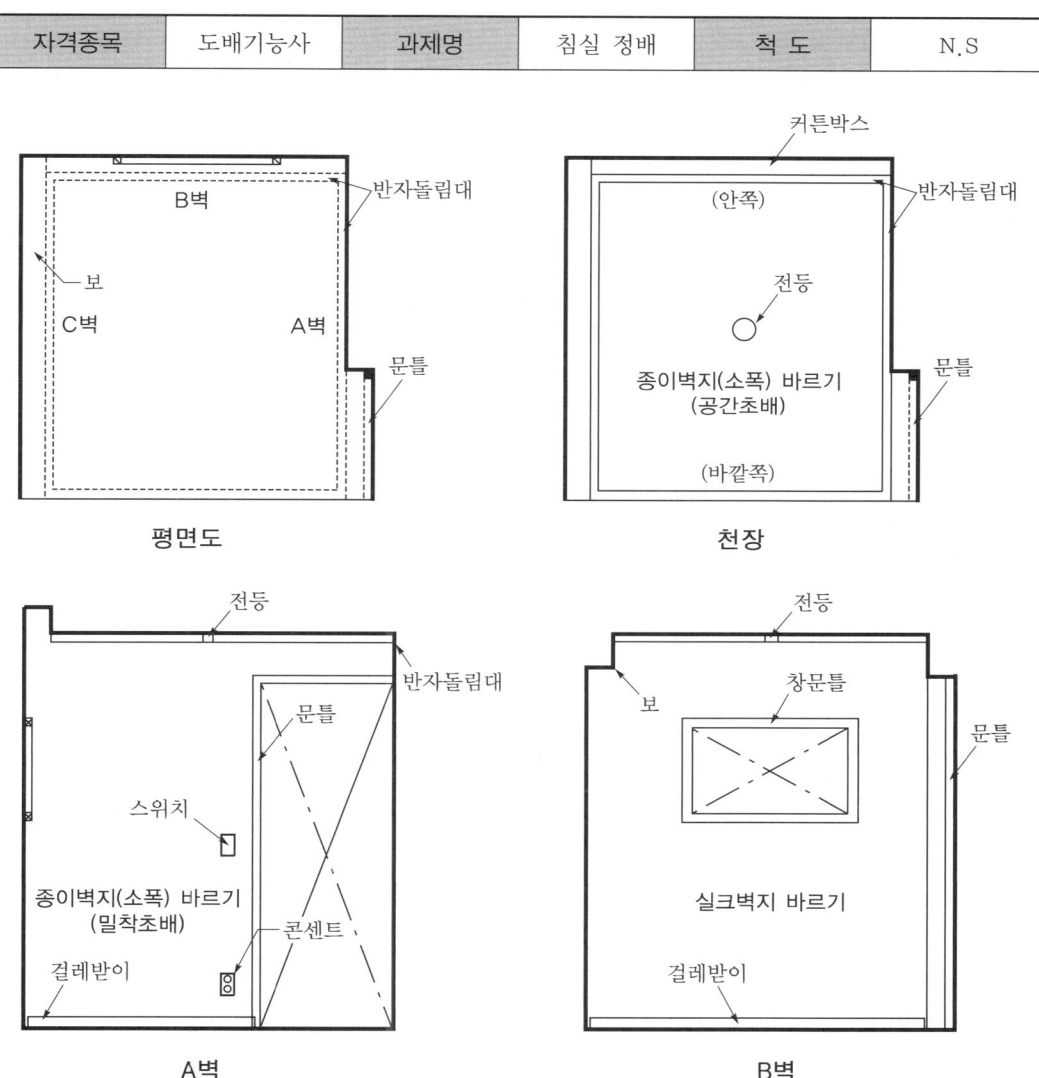

도배기능사 실기문제 해설집

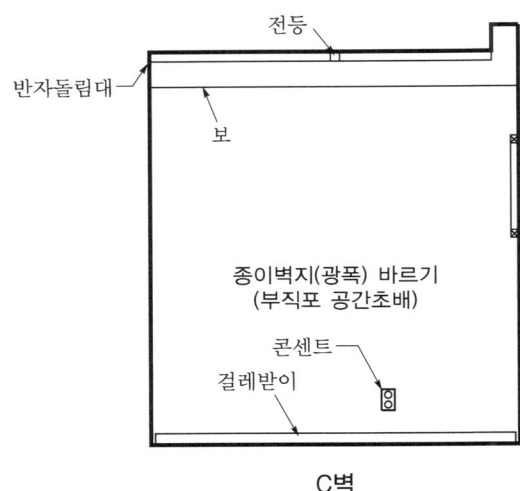

C벽

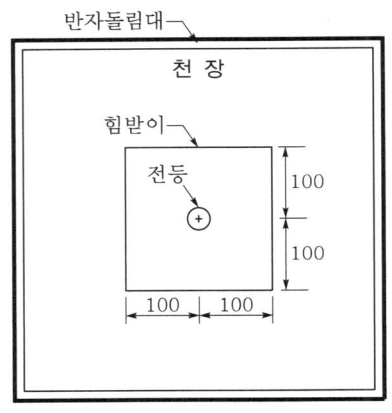

전등 주위 힘받이 시공

(2) 가설물 도면(2025년 기능사 제1회부터 적용)

※ 실제 시험장에 설치되어 있는 가설물의 크기는 일부 상이할 수 있음.

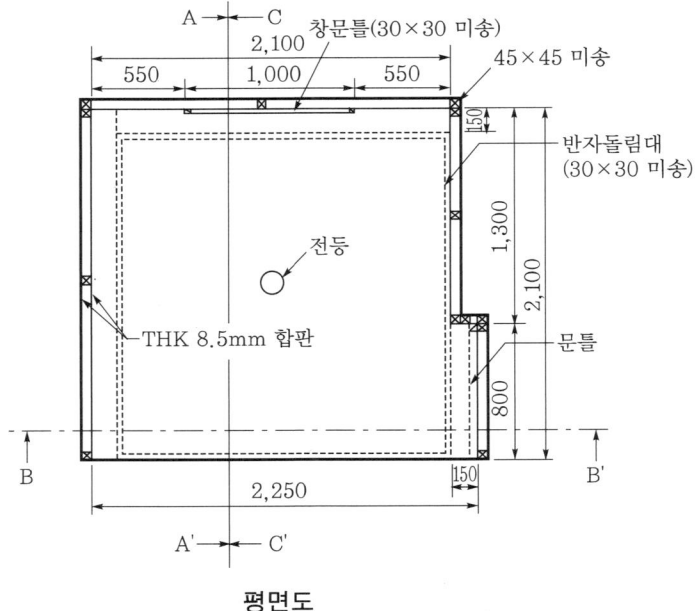

평면도

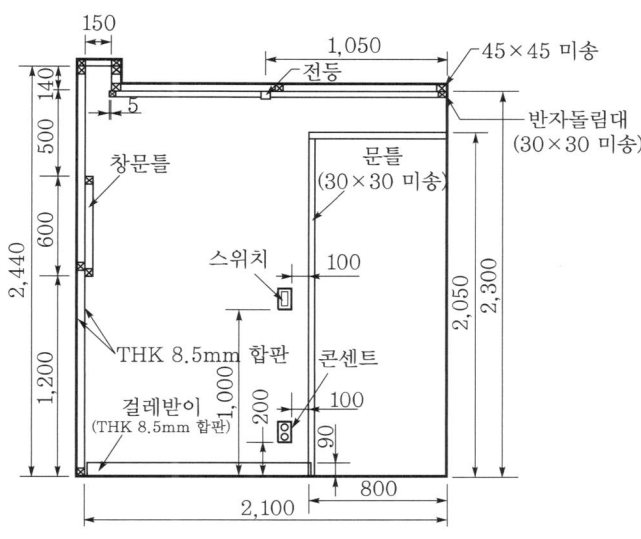

A-A′ 단면도

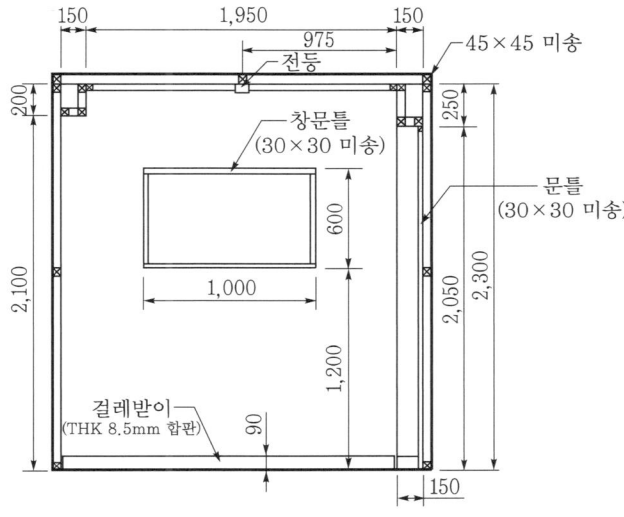

B-B′ 단면도

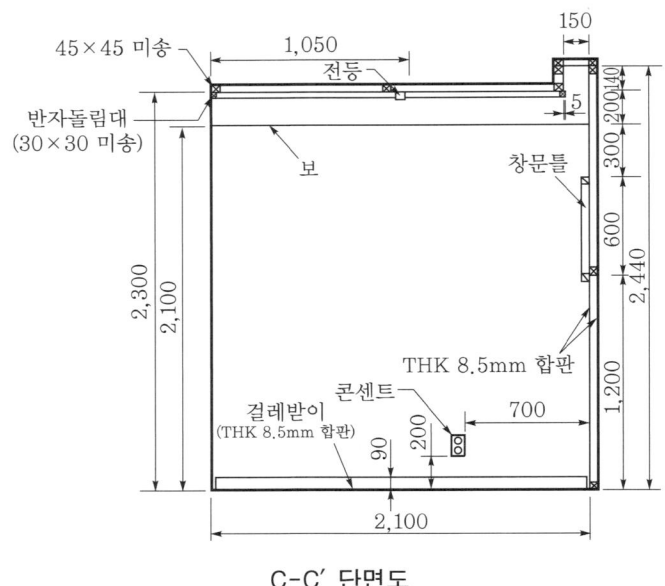

C-C′ 단면도

① 전등은 리셉터클(원형 ϕ53.5mm, 높이 45mm 정도)만 설치
② 스위치(76mm×123mm×7mm 정도), 콘센트(매입형, 76mm×123mm×9mm 정도) 설치
③ 스위치, 콘센트는 덮개를 분리하여 작업할 수 있도록 설치
④ 합판이음개소는 벽면당 1개소가 되도록 제작
⑤ 가설물 구조는 임의로 변경 가능하나, 실내 내부 구성 및 크기 등은 변경할 수 없음

Chapter 03 도배기능사 실기시험 해설

2020년부터 도배기능사 실기시험이 전면 개정되어 새로운 부스(booth)가 생김으로써 천장과 A벽, B벽, C벽의 시공작업도 달라졌다.

1 가설물 도면에 의한 실기시험 해설

(1) 출제경향
재단자, 커터칼, 도배솔, 풀솔 등의 도배 공구를 사용하여 주어진 구조체의 천장, 내벽, 바닥, 기둥, 보(하리), 창호, 커튼박스(curtain box) 주위 등에 도배지 등을 재단하고 풀을 사용하여 도배하는 능력을 평가하는 것이다.

(2) 공개문제
가설물 도면 ⋯ 2025년 1회 실기시험부터 적용된다.

(3) 출제기준
2024년 1월 1일부터 도배기능사 출제기준이 적용되고 있다.

(4) 취득방법
① 시행기관 : 한국산업인력공단
② 훈련기관 : 공공직업훈련원이나 사업체 내 직업훈련원, 인정직업훈련원, 직업전문학교, 도배학원
③ 시험과목 : 도배작업
④ 검정방법 : 작업형(3시간 20분)
⑤ 합격기준 : 100점 만점에 60점 이상

(5) 부스(booth) 도면

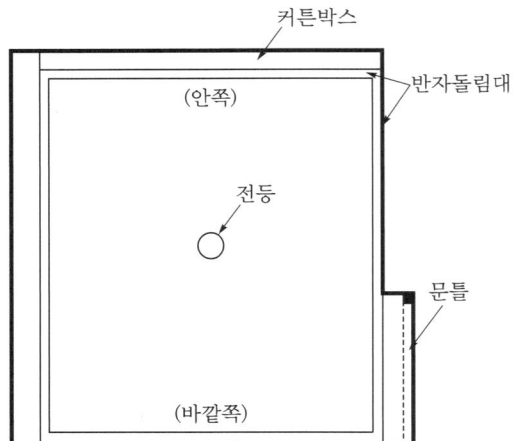

천장 : 종이벽지(소폭) 바르기(공간초배)

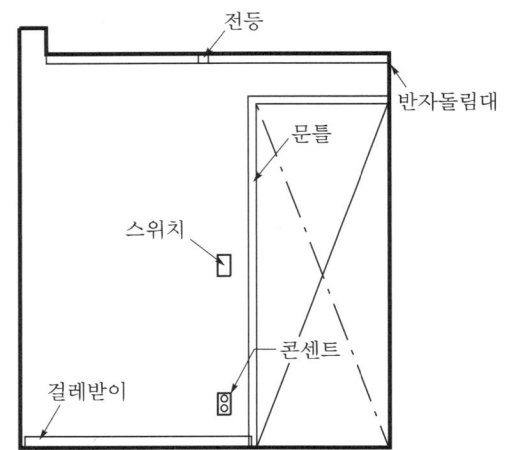

A벽 : 종이벽지(소폭) 바르기(밀착초배)

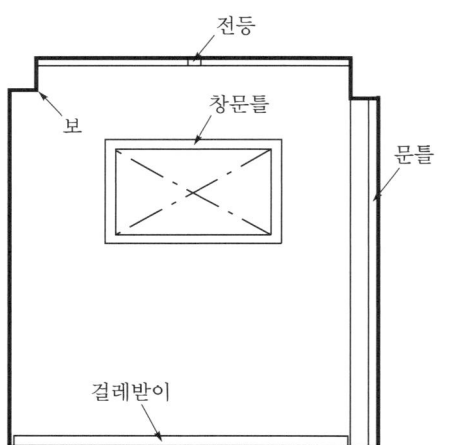

B벽 : 실크벽지 바르기

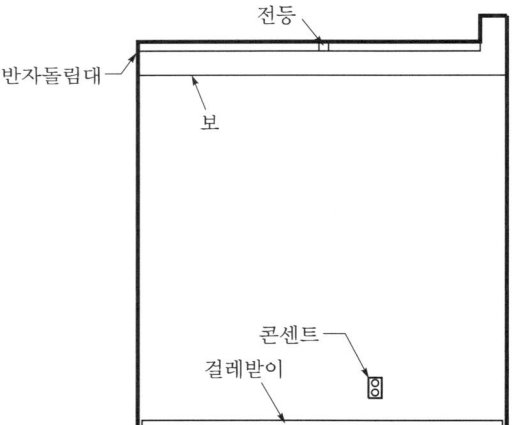

C벽 : 종이벽지(광폭) 바르기(부직포 공간초배)

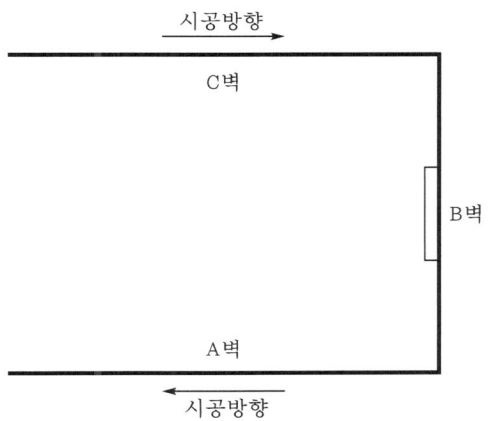

그러므로 종이벽지의 미미선은 왼쪽이 된다.

① 정배 시 유의사항

㉠ 천장(종이벽지, 소폭) : 안 → 밖으로 시공 – 공간초배

㉡ C벽(종이벽지, 광폭) : 밖 → 안으로 시공 – 부직포 공간초배

㉢ B벽(실크벽지) : 좌 → 우 방향으로 시공

㉣ A벽(종이벽지, 소폭) : 안 → 밖으로 시공

② 재단은 현장 부스(booth) 실측치수＋여유분으로 한다.

③ 수험생은 시공(작업)에 있어서 시험위원이 제시(명시)하는 사항에 대하여 반드시 준수하여야 한다.

도배기능사 실기문제 해설집

[사진 2-1] 부스(booth) 전경

[사진 2-2] 부스(booth) 전면(1)

PART 02 | 도배기능사 국가기술자격 실기시험 문제해설

[사진 2-3] 부스(booth) 전면(2)

[사진 2-4] 천장(1)

[사진 2-5] 천장(2)

[사진 2-6] 커튼박스(curtain box)

[사진 2-7] A벽

[사진 2-8] B벽

[사진 2-9] C벽

[사진 2-10] 천장에 공간초배지를 붙이는 모습

PART 02 | 도배기능사 국가기술자격 실기시험 문제해설

2 단계별 시공(작업)순서 및 각론 해설

먼저 부스(booth)를 자세히 둘러본다. 그리고 현장 부스에 따라 치수가 다를 수 있으므로 반드시 '치수 재기'를 해야 한다.

1단계 ▶ 치수 재기와 재단

(1) B벽 실크벽지

- 245cm+여유분(무늬 맞춤) - 2폭

B벽 재단 요령

걸레받이를 포함한 치수가 245cm이기 때문에 무늬에 맞추어 245cm로 재단한다.

(2) C벽 합지 광폭

① 2폭은 245cm(보·하리 포함)+여유분
 재단 시 무늬를 맞춘 후 상단에서 약 17~18cm 재단(cutting)하는 방법도 있다.
② 1폭은 245cm(보·하리 포함)+약 20cm 더 길게 재단(치수는 약 17~18cm)하고, 세로로 약 30~40cm를 마킹(marking)하여 재단한다. 단, 미미선은 살려야 한다. 그 이유는 한 폭을 다 풀칠할 필요도 없으며, 여유분의 폭이 너무 넓기 때문이다.

C벽 재단 요령

1. 3폭을 265cm로 무늬를 맞추어 재단한다.
2. 2폭은 상단에서 약 17~18cm를 커팅(cutting)한다.
3. 1폭은 미미선(겹침선) 쪽에서 약 35cm 정도 세로로 재단한다. 이 35cm 1폭을 보·하리 안쪽 위로 쑥 들어간 벽면에 밀어올려 붙여 도배한다.

(3) 천장 합지 소폭

① 천장
  ㉠ 5폭을 200cm+여유분(10cm 정도)
  ㉡ 5폭 중 1폭을 천장 커튼박스용으로 재단한다.

② 커튼박스(Curtain Box)
  ㉠ 천장 넓이 폭 15~17cm ┐
  ㉡ Box 벽 높이 폭 14~16cm ┘ 가능한 한 정확한 치수 재기로 재단한다.
  ※ 부스(booth)에 따라 치수 차이가 날 수 있다.

(4) A벽 합지 소폭

① 3폭을 230cm+여유분(약 5cm)
② 3폭 중 1폭은 245cm로 재단한다.
  ※ 쑥 들어간 부분의 치수는 약 17~18cm
③ 문 상(上)은 2폭을 약 35~40cm로 재단한다.

> **A벽 재단 요령 – 무늬가 없는 것을 전제로**
>
> 1. 2폭은 230cm로 재단한다.
> 2. 1폭은 245cm로 재단하고, A벽의 안쪽 위로 쑥 들어간 벽면에 밀어올려 붙여 도배한다.
>   ※ 245cm로 3폭 모두 재단하고 시공 때 2폭은 하단에서 칼질한다.
> 3. 문 상(上)은 2폭 따로 재단하여 붙이고 입구 끝선에서 도련한다.

참고 A벽 : 3폭을 245cm로 재단한 후 2폭을 상단에서 약 17~18cm를 커팅(Cutting)하는 방법도 있으나, 무늬가 없으면 그렇게 재단할 필요는 없다.

2단계 ▶ 초배지 재단

(1) 부직포 재단(C벽)

① 길게 1매(枚)가 나오면 2등분 하여 준비한다(반으로 가재단).
② 너무 길다고 생각되면 줄자로 재어 재단해야 할 필요성도 있다.

(2) 운용지 재단(C벽과 B벽)

① 4매로 폭 30cm로 세로 재단한다.

② 8EA를 준비한다.

(3) 갓둘레(힘받이) 재단(천장)
① 3매로 4등분 하여 12EA를 준비한다.
② 폭 10cm

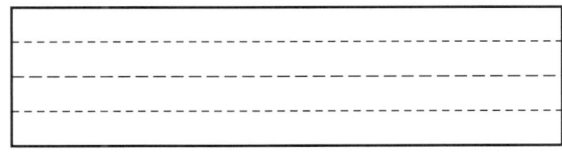

3매를 포개어 놓고 4등분으로 도련

(4) 공간 초배지 재단(천장)
① 초배지 15매를 2등분 하여 30EA를 준비한다.
② 15매를 한 묶음으로 하여 밀어내기 하고 반으로 접어놓는다.

초배지 15매로 2등분

③ 전등 주위 힘받이 초배지는 200mm×200mm로 1EA를 준비한다.
④ 펼치는(밀어내기) 방법
   ㉠ 1/2로 재단한 초배지를 포개어 놓고 손가락(중지, 약지, 새끼손가락)을 펴서 대각선으로 밀어내기(펴기) 작업을 한다. 또는 커터칼 뒤에 있는 헤라나 줄자를 사용하는 방법도 있다.

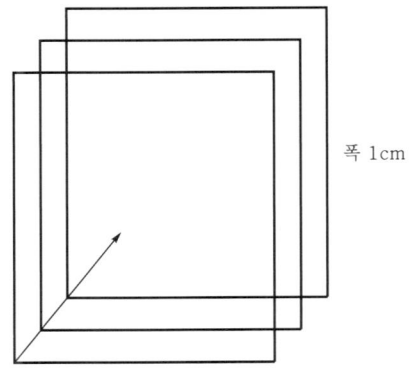

밀어내기를 한(펼친) 상태(밀어내기 하고 접어서 폭 1cm, 15매씩 보관한다.)

도배기능사 실기문제 해설집

　　ⓒ 줄자를 45~50° 정도로 비스듬히 세워 잡고 밀어내기 한다.

　　ⓒ 커터칼을 45~50° 정도로 비스듬히 세워 잡고 밀어내기 한다.

　　※ 펼칠 때나 풀칠할 때, 붙여 나갈 때도 넓은 쪽이 자기 앞으로 오게 한다.

(5) 보수초배지 재단

　① 4장을 포개어 놓는다.

　② 초배지 양옆에 연필로 9, 9, 9, 6, 6, 6을 마킹(marking)한 후 도련(칼질)한다(또는 10으로 할 수도 있음).

　③ 도련한 겉지 12EA와 속지 12EA를 잘 보관한다.

　※ 암기 요령 : 네바리 4장

```
       6
       6
       6
       9(10)
       9(10)
       9(10)
```
　　　　　　3줄×4장=12EA

(6) 밀착초배지

　재단 없이 11매의 장수를 세어 보관한다.

참고

지급된 초배지는 총 40매이다.
① 보수초배지(네바리) : 4장(겉지, 속지 12개씩)
② 밀착초배지 : 11장
③ 공간초배지 : 15장(2등분 30장)
④ 갓둘레초배지 : 3장(4등분 12EA)
⑤ 전등초배지 : 1장(200mm×200mm)
→ 총 소요장수 : 34장
＊운용지 : 4장(2등분 8매)
＊부직포(4.5m) : 1장(2등분 2매)

PART 02 | 도배기능사 국가기술자격 실기시험 문제해설

3단계 ▶ 초배지 풀칠과 시공(작업)

(1) 보수초배 풀칠과 시공(작업)

1) 풀칠(보통 풀)

① 풀판 위에 겉지를 두 줄 또는 세 줄로 포개어 놓고 풀칠한다.
② 속지는 풀칠한 겉지 위에 살포시 얹어 놓는다.
③ 양손의 가운뎃손가락으로 가볍게 터치한다는 느낌으로 가운데에서 좌우로 그어준다.
④ 풀은 보통 풀을 사용한다.
⑤ 풀칠은 거친 면에 칠한다.

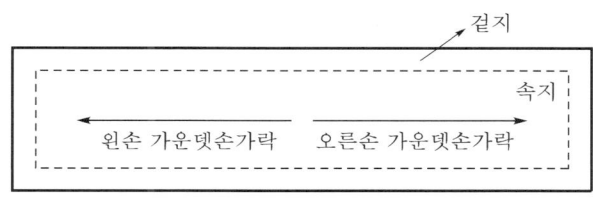

보수초배(네바리, ねばり)

2) 시공(작업)

① 합판 이음새와 보(하리, はり)와 문 상(上) 모서리에 붙인다.
② 속지끼리 1cm 겹침한다.

> **참고**
> 천장에는 공간초배, C벽에는 부직포(T/C)를 걸기 때문에 보수초배 작업은 하지 않는다.

(2) 갓둘레 풀칠과 시공(작업) - 천장

① 천장 가장자리에 붙인다.
② 겹침은 1cm로 한다.
③ 풀 배합은 보통 풀, 현장에서는 된 풀칠을 한다.

(3) 밀착초배 풀칠과 시공(작업) - A벽

① 풀 배합은 묽은 풀로 한다.
② 풀칠은 거친 면에 한다.

③ 겹침은 1cm로 한다.
④ 초배는 끝선에서 마감한다.
⑤ 11매로 A벽과 문 상(上)에 붙인다.
⑥ 주름과 기포 없이 시공(작업)한다.
⑦ 안쪽에서 입구 쪽으로 붙여 나간다.
※ 커튼박스(Curtain Box) 내부 벽면은 밀착초배하지 않는다.

(4) 공간초배 풀칠과 시공(작업) – 천장

1) 풀칠

펼쳐진 공간초배지 가장자리에 폭 1cm로 아주 된 풀칠을 한 후 대각선으로 귀를 맞추어 접어둔다.

풀칠할 때의 순서는 다음과 같다.
① 넓은 쪽이 자기 앞으로 오게 하여 펼쳐 놓고 풀칠한다.
② 자기 앞쪽에서 오른쪽 밑의 귀를 떼어서(들어서) 빗선(대각선)의 귀에 붙인다.
③ 한 장씩 포개어 15EA를 모아둔다.

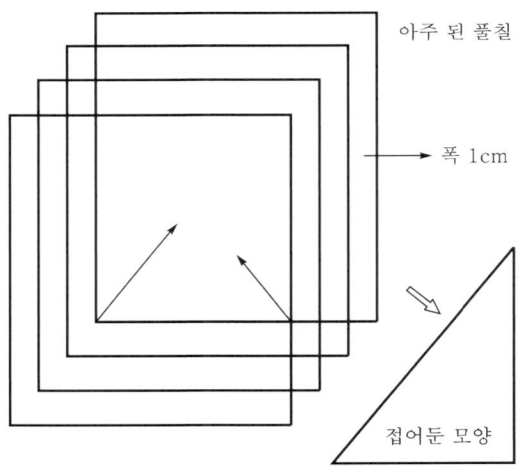

밀어내기(펼치기) 방법

④ 오른 손바닥을 밑에서 받치고 왼손으로는 가볍게 위에서 잡고 발판(우마, うま) 중앙 부분에 올려 놓는다.
⑤ 공간초배지 공간층에는 풀이 묻지 않도록 주의해야 한다.
※ 공간초배는 종전의 바닥재 깔기의 공간초배가 천장 공간초배로 옮겨 갔다고 생각하면 된다. (부록 01. 공간초배 참고요망)

2) 시공(작업)
① 천장 먼저 본을 뜬다. 본은 C벽 쪽에서 A벽 쪽으로 6장, 입구 쪽에서 B벽 쪽으로 5장, 총 30매를 뜬다. 그리고 C벽 쪽으로 등을 지고 안쪽(B벽)으로 붙여 나간다. 빨리 붙여 나가기 위해서는 2장씩 앞으로 붙일 수도 있다.

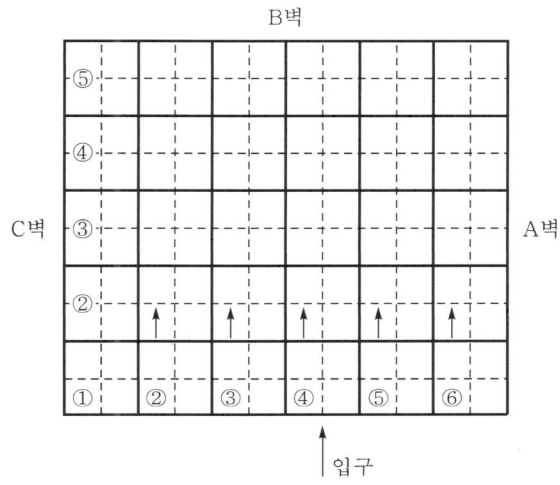

본뜬 형태(본을 뜬 후 입구 쪽에서 앞쪽 B벽 쪽으로 붙여 나간다.)

② 넓은 쪽이 자기 앞으로 오게 하고 양쪽 귀퉁이를 자연스럽게 잡고 천장에 붙인다.
③ 천장에 붙일 때는 양쪽 귀퉁이를 잡은 쪽을 먼저 천장에 밀착시킨 다음 가볍게 그냥 터치한다는 느낌으로 Y자 형태로 아주 가볍게, 즉 손가락에 힘을 빼고 앞으로 밀어준다.
④ 정배솔(도배솔)로 좌우로 솔질한다.

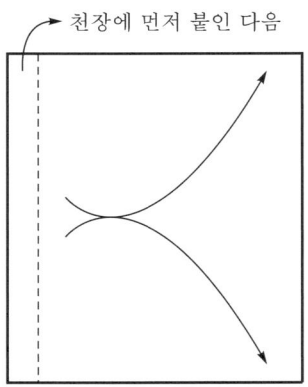

Y자 형태로 앞으로 가볍게 밀어준다(손가락으로). 그리고 솔질한다.

⑤ 천장에 도배를 하기 위해서 다음 순서대로 초배(밑)작업을 하여야 한다.
  ㉠ 천장 4방 모서리작업 : 힘받이 밀착초배를 하며, 연결 시 겹침폭(이음폭)은 10mm로 한다.
  ㉡ 전등 주위 힘받이작업 : 전등 주위 힘받이 초배지 재단은 200mm×200mm로 재단하고 밀착초배를 한다.

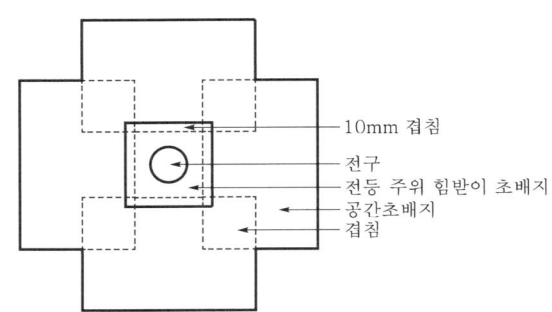

  ㉢ 공간초배작업
    ⓐ 각 초배지를 2등분 한 30장으로 공간초배작업을 한다.
    ⓑ 겹침폭(이음폭)은 100mm 이상으로 한다.
    ⓒ 작업은 바깥쪽에서 안쪽으로 작업한다.
    ⓓ 4면 가장자리 풀칠폭은 10mm로 한다.
    ⓔ 공간초배지의 공간(층)에는 풀이 묻지 않아야 한다.

(5) 부직포 걸기 – C벽
  ① 풀칠 : C벽 가장자리 바탕에 폭 100mm로 터치풀솔로 된 풀칠한다.
  ② 시공 : 횡(수평)방향
    ㉠ 하단 먼저 걸고 상단을 건다.
    ㉡ 도련(칼질)은 끝선에서 한다.
  ③ 공간층에는 풀이 묻지 않아야 한다.
  ④ 콘센트 가장자리 풀칠폭은 100mm로 한다.
  ⑤ 보(하리)에는 부직포 걸기를 하지 않는다.

(6) 운용지 풀칠과 단지(심) 바름 – C벽, B벽
  ① 풀칠 : 보통 풀칠을 한다.

② 시공(작업)
  ㉠ 겹침은 50mm로 한다.
  ㉡ 부직포(T/C지) 위에 연필 선 긋기(히로시, ひろし) 한 곳에 붙인다.
  ㉢ B벽에는 창문 상·하에 붙인다.

> **주의사항**
> 초배작업을 모두 마친 후에는 하자가 있는지 확인한 후에 "초배 다 했습니다."라고 소리쳐야 한다는 것을 잊지 말아야 한다.

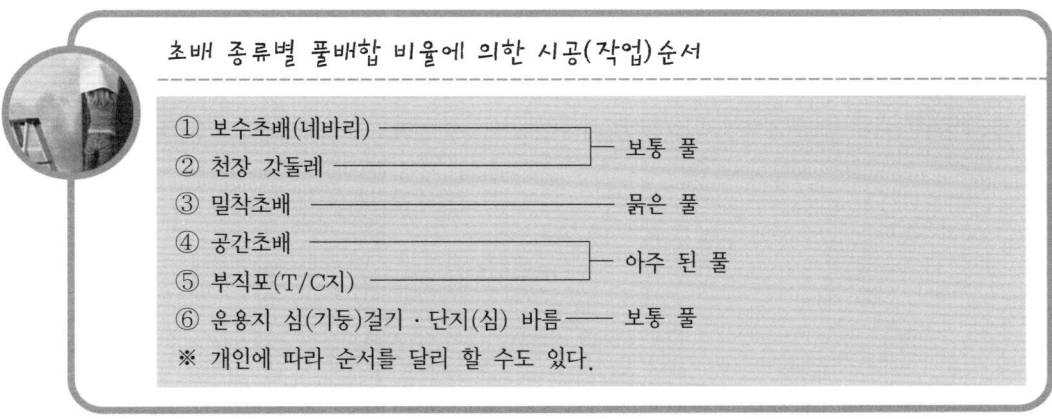

4단계 ▶ 벽지 풀칠과 시공(작업)

(1) 소폭 합지 – 천장, 커튼박스, A벽

1) 천장 합지 풀칠과 시공(작업)
  ① 합지 소폭 4폭을 풀칠하고 숙성(잠재우기, のばし)시간을 갖는다.
  ② 치마주름접기를 한다.
  ③ 보통 풀칠을 한다.

2) 커튼박스(Curtain Box) 벽지 풀칠과 시공(작업)
  ① 커튼박스 속 벽지 2폭을 풀칠하고 숙성시간을 갖는다.
  ② 보통 풀칠을 한다.
  ③ 커튼박스 내부 벽면은 밀착초배하지 않는다.
  ④ 인코너 부분은 10mm 겹침한다.

3) A벽 합지 풀칠과 시공(작업)
  ① 맞접기를 한다.
  ② 합지 소폭 벽지 3폭을 풀칠하고 숙성시간을 갖는다.
  ③ 숙성시킨 후 도배한다.
  ④ 문 상(上) 2폭도 풀칠하고 도배한다. 빠트리기 쉬우므로 잊지 말아야 한다.
  ⑤ 벽지 조각(쪽벽지)을 사용하지 않아야 한다.
  ⑥ 보통 풀칠을 한다.
  ⑦ 겹침폭은 10mm로 한다.

풀칠순서 및 풀칠 후 뒤집어 도배하는 순서

1. 풀칠순서
   ① 천장(소폭 합지)
   ② 커튼박스
   ③ A벽(소폭 합지)
   ④ C벽(광폭 합지)
   ⑤ B벽(실크벽지)

2. 풀칠 후 뒤집어 도배하는 순서
   ① 천장(소폭 합지)
   ② 커튼박스
   ③ A벽(소폭 합지)
   ④ C벽(광폭 합지)
   ⑤ B벽(실크벽지)
   ※ 개인에 따라 순서를 달리 할 수도 있다.

(2) 광폭 합지 – C벽
  ① 부직포와 운용지 심 바름을 시공한 후 그 위에 도배한다.
  ② 맞접기를 한다.
  ③ 숙성시킨 후 도배한다.
  ④ 보(하리·はり)와 연결되는 커튼박스 부분은 벽지 조각, 일명 쪽벽지를 사용하지 말아야 한다. 즉 한 폭으로 붙여야 한다는 뜻이다.
  ⑤ 보통 풀칠을 한다.

⑥ 1cm 칼받이를 사용한다.
　⑦ 겹침은 미미선의 폭을 기준으로 한다(일반적으로 2~3mm).
　※ 2020년부터 광폭 합지가 추가로 들어간다.

(3) 실크벽지 – B벽
　① 된 풀칠을 하고 숙성시간을 갖는다.
　② 빡빡이솔(빡솔)을 사용한다.
　③ 맞접기를 한다.
　④ 벽면 가장자리에 폭 10cm로 된 풀칠을 한다. – 터치풀솔, 본드풀솔 사용
　⑤ 맞물림 작업을 한다. – 롤러(Roller) 사용
　⑥ 롤러를 사용하기 전에 커터칼 뒤쪽 헤라를 이용하여 맞물림 선으로 풀을 모아 온다. 즉 맞물림 선, 이음선으로 풀이 나와야 한다.

3 광폭 합지 시공방법

(1) 입구 쪽(좌측)에서 붙이는 방법(요령, skill)
입구 끝선에서 벽지를 1~2cm 남겨주고 붙여도 되고 딱 맞추어 붙여도 되나, 보통 부스가 정확히 똑바르지 않기 때문에 벽지를 1~2cm 남겨주고 시공하는 것이 좋다.

(2) C벽의 광폭 합지
C벽의 광폭 합지는 무늬가 있기 때문에 미리 보를 재단하고 작업할 수도 있으나 부스의 치수 정확성을 알 수 없기 때문에 따로 재단하지 않고 작업하는 것이 좋다. 보를 붙여 놓고 1cm 칼받이를 사용하여 칼질(도련)하고 이어붙이는 방법이 좋을 것 같다. 그리고 무늬를 맞추어 시공하면 된다.

※ 부직포 위에 연필 선 긋기 하는 것을 잊지 말고 운용지를 붙여야 한다. 그 이유는 시험위원이 들추어 볼 수도 있기 때문이다.

※ 시험위원이 연필 선 긋기(히로시, ひろし) 한 것을 확인할 뿐만 아니라 벽지를 이어붙인 간격이 5cm를 벗어나는지를 확인할 수도 있다.

도배기능사 실기문제 해설집

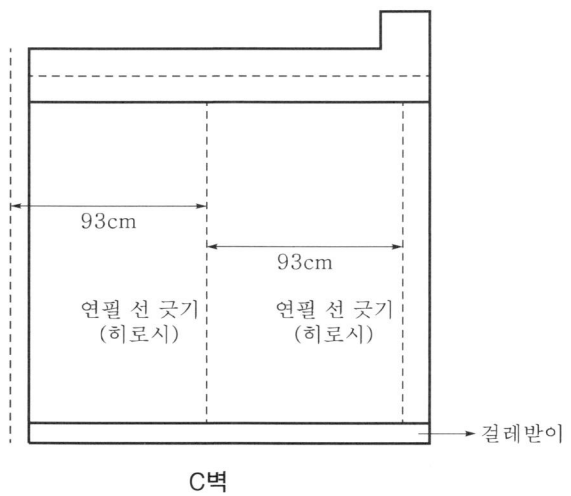

C벽

4 가장 어려운 '실크벽지(silk 壁紙)' 시공방법

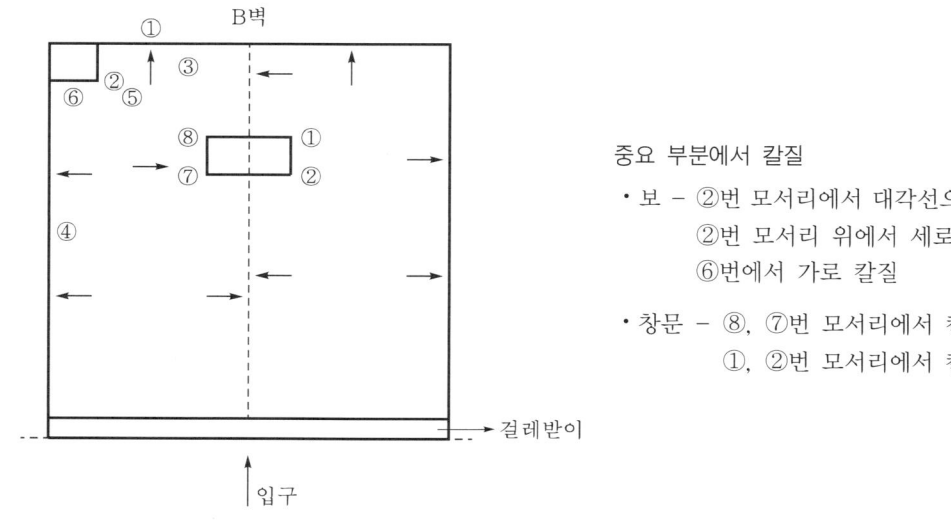

중요 부분에서 칼질
- 보 – ②번 모서리에서 대각선으로 칼질
  ②번 모서리 위에서 세로 칼질
  ⑥번에서 가로 칼질
- 창문 – ⑧, ⑦번 모서리에서 칼질
  ①, ②번 모서리에서 칼질

(1) 실크벽지(silk 壁紙) 시공

실크벽지 도배는 잘 배우고 올바르게 실습한다면, 빠른 사람은 10~15분 안에 가능하고 좀 느려도 20분 안에는 할 수 있을 것이며, 선수들은 10여분 안에 가능하다고 여겨진다.

실크벽지 시공(작업)은 손으로 하는 부분이 많으며, 정배솔(도배솔, 다듬이솔)은 공기(空氣, air)를 빼주는 역할을 한다.

실크벽지 시공은 2폭을 왼쪽에서 먼저 붙이는 방법과 오른쪽에서 먼저 붙이는 방법이 있다. 한 가지 당부할 것은 이렇게 했다, 저렇게 했다 하는 실수를 범하지 말라는 것이다.

동영상의 기능사들은 선수들이다. 따라서 왼쪽에서 먼저 붙이든, 오른쪽에서 먼저 붙이든 상관이 없다. 그러나 기능사 시험을 대비하는 사람이라면 보가 있는 왼쪽에서 먼저 붙이는 방법이 좋을 것이다.

(2) 붙이는 방법(요령)

1) 왼쪽에서 한 폭 붙이는 방법

① 위(천장 쪽)로 5cm 정도 올려준다.
② 보의 밑부분을 코너선으로 맞춘다.
③ 대충 붙여 놓고 보 ⑥번 밑으로 해서 허리 부분 밑을 왼손으로 다듬어 주어 대충 고정시킨다.
④ 코너 모서리 ②번에서 45° 각도로 위로 칼질을 해준다.
⑤ 보 밑을 왼손으로 다듬어 주며 ④번 허리 부분을 고정시킨다.
⑥ ⑤번에서 위 45° 각도로 칼질하여 펄럭이는 날개 벽지를 대충 세로로 칼질한다.
⑦ ⑥번에서 펄럭이는 날개 벽지를 가로로 대충, 즉 여유 있게 칼질한다.
⑧ ②번에서 대충 붙여 놓은 벽지를 위 모서리(①번 쪽)에 밀착, 고정시킨다.
⑨ ④번 허리 부분에서 창문 쪽으로 다듬어 준다.
⑩ ⑧번 코너 모서리 창문 안쪽으로 창문 다루끼(だるき, 창문틀) 밑으로 가로 칼질하며 떨어지지 않게 창문 안쪽 바탕에 대충 붙여 놓는다.
⑪ ⑦번 코너 모서리에 창문 위 안쪽으로 창문 다루끼 위로 가로 칼질하여 떨어지지 않게 창문 안쪽 바탕에 대충 붙여 놓는다.
⑫ ⑧번 다루끼 안쪽에서 ⑦번 쪽으로 세로 칼질한 후, 창문 안쪽 부분의 벽지를 반으로 접어서 밑으로 버린다. 반으로 접는 이유는 풀칠한 벽지가 바닥에 떨어져 발판(우마)에서 내려올 때 밟아 미끄러져 넘어지는 경우를 대비한 것이다.
⑬ 손으로 칼질한 창문틀 주위를 다듬어 주며 공기를 빼준다.
⑭ 하단 부분도 손으로 다듬어 준 다음, 정배솔(도배솔)로 벽지를 쓸어주며 공기를 뺀 다음 위와 창문틀, 보 부분과 걸레받이에 칼받이를 밀착시키고 칼질하여 마무리한다.

2) 폭을 맞물림(하구찌, はぐち)하여 붙이는 방법
① 왼쪽에 먼저 붙여 놓은 실크벽지의 절취선 무늬를 맞추어 주며, 바탕면 위와 창문 우측 방향으로 붙이는데 창문틀의 다루끼(だるき, 각재)와 우측 모서리(세로) 부분에 유선형으로 붙인다. 다시 말해서 창문틀 부분이 떠있게 한다는 뜻이다.
② 창문 하단의 맞물림을 맞추어 준 후 ①번 코너 모서리에 창문틀(다루끼, 각재) 밑으로 가로(좌측)로 칼질하고, ②번 코너 모서리에 창문틀 위로 가로(좌측)로 칼질한다.
③ ①번에서 ②번으로 세로 칼질하여 펄럭이는 벽지를 떼어서 버린 후, ①, ②번 바탕면 주위를 손으로 다듬어 주며 창문 주위와 전체를 다듬어 주고 맞물림(하구찌, はぐち)을 한다.
④ 정배솔(도배솔, 다듬이솔)로 벽지를 쓸어주며 공기를 뺀다.
⑤ 창문틀 주위와 위, 아래(걸레받이)에 칼받이를 사용하여 칼질하여 마무리한다.

> [부연설명]
> 실크벽지(silk 壁紙)는 한 번에 딱 붙여야 한다. 잔손질을 많이 하면 다음과 같은 문제점이 발생한다.
> ① 시간이 많이 소요된다.
> ② 벽지가 늘어난다.
> ③ 공기가 이곳저곳 차있게 된다(기포 발생).
> ④ 맞물림을 제대로 맞추지 못하여 낭패를 보게 되는 경우가 있다.
> 아무쪼록 반복 연습 및 실습하여 위와 같은 경우가 없길 바란다.

저자가 생각하는 도배기능사 실기시험의 기준

도배기능사 실기시험은 도배를 할 수 있는 능력이 있는지를 보는 것이다.
첫째, 풀 농도 배합은 잘하는지
둘째, 풀솔, 정배솔, 칼받이, 롤러 등의 도구 사용을 잘하는지
셋째, 도련(칼질)을 잘하는지 등을 보고 평가하는 것이라 사료된다.

▣ 주지사항
 ① 평면도 숙지 및 이해
 ② 치수 재기 숙지
 ③ 작업순서 머릿속에 입력하기[마인드 컨트롤(mind control)]
 ④ 무늬 맞춤에 유의
 ⑤ 마무리 청소

▣ 주의사항
 ① 오작업은 절대 하지 말아야 한다.
 ② 주어진 시간 안에 시공(작업)을 끝내야 한다.
 ③ 벽지를 찢지 말아야 한다. ★명심

▣ 도배작업 총 소요예정시간
도배기능사 실기시험에 주어진 시간은 3시간 20분이다. 그러나 수험생은 평소 연습할 때 '연습을 시합같이, 시합을 연습같이 하라.'는 말이 있듯 3시간 내지 3시간 10분 안에 끝낸다고 생각하고 연습을 해야 한다.
 ① 치수 재기와 재단 : 약 30~40분
 ② 초배 풀칠과 시공 : 약 1시간 10분
   ㉠ 보수초배 약 5분 ┐
   ㉡ 밀착초배 약 20분 ┘ 약 25분
   ㉢ 갓둘레 약 10분 ┐
   ㉣ 공간초배 약 35분 ┘ 약 45분

③ 벽지 풀칠과 시공 : 약 1시간 30분
  ㉠ 풀칠 약 30분
  ㉡ 합지도배 약 40분
  ㉢ 실크지도배 약 20분

각 단계별 시간은 개인에 따라 다를 수 있다.
실습할 때 정확하게 빨리하는 습관(habit)을 길러야 주어진 시간 안에 작품을 완성시킬 수 있음을 명심 또 명심해야 한다.

think(생각)

1. 마인드 컨트롤(mind control) 꼭 하기 – 머릿속으로 도배해보기
2. 시험날까지 도배 생각을 많이 하기

PART 02 | 도배기능사 국가기술자격 실기시험 문제해설

제일 먼저 부스를 살펴본 후 작업에 들어간다.

■ **치수 재기와 재단(소요예정시간 : 약 30~40분)**

  1) B벽 실크벽지
    • 245cm+여유분(무늬) – 2폭
  2) C벽 합지 광폭 벽지
    ① 2폭은 245cm(보 길이 포함)+여유분
    ② 1폭은 245cm+약 20cm 더 길게 재단하고, 또 세로로 약 30~40cm를 마킹(marking)하여 재단
      • 이유 : 한 폭을 모두 풀칠할 필요가 없기 때문, 시공(작업) 편리성
  3) 천장 합지 소폭 벽지
    ① 천장
      ㉠ 200m+여유분 – 5폭 재단
      ㉡ 5폭 중 1폭은 천장 커튼박스용
    ② 커튼박스
      ㉠ 천장 넓이 폭 15~17cm ┐
      ㉡ Box 벽 높이 폭 14~16cm ┘ 가능한 한 정확하게 재단한다.

    ※ 부스에 따라 조금의 차이가 날 수 있다.

  4) A벽 합지 소폭 벽지
    ① 230cm+여유분 – 3폭
    ② 3폭 중 1폭은 245cm+여유분
    ③ 소폭은 무늬가 있는지 확인하고 재단한다.
  5) 초배지 재단
    초배지는 40장 지급되며, 총 소요장수는 33장이다.
    ① 갓둘레(힘받이) – 천장
      • 3장으로 4등분=12EA, 폭 10cm
    ② 공간초배 – 천장
      • 15장으로 2등분 : 밀어내기(펴기)

③ 보수초배(네바리, ねばり)
  ㉠ 4장으로 6등분 마킹(marking)
  ㉡ 초배지 양옆에 연필로 마킹

```
    6
    6
    6
         9(10)
         9(10)
         9(10)
```

④ 밀착초배지 11장
⑤ 운용지 재단 : B벽, C벽에 사용
  · 4장으로 폭 30cm로 세로 재단
⑥ 부직포(T/C지) : C벽에 사용
  · 길게 나오면 2등분

■ **초배지 풀칠 및 시공(소요예정시간 : 약 1시간 10분)**
① 보수초배 풀칠 및 시공 : 보통 풀칠하고 시공(이음새와 모서리)
② 천장 갓둘레(힘받이) : 보통 풀칠하고 시공
③ 밀착초배 풀칠 및 시공 : 묽은 풀칠하고 시공
④ 공간초배 풀칠 및 시공 : 아주 된 풀칠, 가장자리 1cm로 풀칠
⑤ 부직포 걸기 : C벽 가장자리에 폭 10cm로 아주 된 풀칠
⑥ 운용지 풀칠과 단지(심) 바름 : 보통 풀칠
* 천장 부착물 : 전등

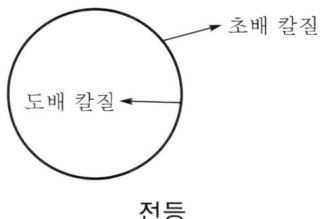

전등

* 벽 부착물 : A벽 스위치, 콘센트, C벽 콘센트
초배작업을 모두 마친 다음 하자가 있는지 확인한 후 "초배 다 했습니다."라고 소리쳐야 한다.

▣ 벽지 풀칠 및 시공(소요예정시간 : 약 1시간 30분)

1) 합지 소폭 – 천장, 커튼박스
  ① 천장과 커튼박스 벽지에 보통 풀칠하고 시공한다.
  ② 안쪽에서 입구 쪽으로 붙여 나온다.
  ③ 천장에는 전등의 부착물이 있다.

2) 합지 소폭 – A벽
  ① 보통 풀칠하고 시공한다.
  ② 안쪽에서 입구 쪽으로 붙여 나온다.
  ③ 스위치와 콘센트의 부착물이 있다.

3) 합지 광폭 – C벽
  ① 보통 풀칠하고 시공한다.
  ② 입구 쪽에서 안쪽으로 붙여 나간다. 미미선에 따라 반대로 붙일 수도 있다.
  ③ 하단 부분에 콘센트의 부착물이 있다.

4) 실크벽지 – B벽
  ① 된 풀칠하고 시공한다.
  ② 창문이 있다.

* 1 → 2 → 3 → 4의 순으로 풀칠한 다음, 뒤집어서 1 → 2 → 3 → 4 순서로 도배한다.

도배작업을 모두 마친 다음 하자가 있는지 확인한 후 "도배 다 했습니다."라고 소리쳐야 한다.

▣ 수험자 주지사항

① 지급된 재료에 이상(파손 및 부패)이 있을 때는 교환할 수 있다.
  • 시험위원의 승인을 득한 후
② 초배작업이 완료된 후 중간 채점을 한다.
③ 시험위원의 채점이 끝나면 수험자는 가설물(도배지, 장판지, 초배지)을 제거한다.
  • 가설물을 제거하지 않았을 경우에는 3점 감점된다.

도배기능사 실기문제 해설집

▣ 채점대상에서 제외되는 사항

1) 실격처리
   ① 지급된 재료 이외의 재료를 사용한 경우
   ② 장비 및 재료의 취급 미숙으로 위해를 일으킨 경우 시험위원 전원의 합의가 있는 경우

2) 미완성
   시험시간 내에 작업을 완성하지 못한 경우

3) 오작
   ① 주어진 요구사항의 작업요소가 누락되거나 상이한 경우
   ② 시공치수오차가 ±2mm 이상인 경우 – 실크벽지 맞물림(B벽)
   ③ 무늬 맞추기의 치수오차 ±20mm(2cm) 이상인 경우
   ④ 초배지, 종이벽지, 실크벽지가 50mm(5cm) 이상 파손된 경우
   ⑤ 풀 농도 구분을 못할 경우
   ⑥ 도배지의 상·하단이 바뀐 경우
   ⑦ 칼질 없이 마감한 경우
   ⑧ 천장의 공간초배지를 30매(장) 미만 사용한 경우
   ⑨ 벽지 이음의 단지(심) 중앙에서 50mm(5cm) 이상인 경우 – C벽 연필 선 긋기, 히로시

참고

1. 천장
   마지막 폭(입구 쪽)에서 벽지를 들고 대충 대본 후 벽이나 우마(발판) 위에서 소폭 벽지를 칼질하여 도배할 수 있다(4폭째).

2. C벽
   광폭 합지도 같은 형태로 칼질하고 도배할 수도 있다. 물론 재단 시에 재단하여 풀칠할 수도 있다.

3. A벽
   소폭 합지는 무지 소폭 합지이기 때문에 그렇게 하지 않아도 된다.

※ 풀칠한 벽지를 벽이나 우마(발판) 위에서 칼질할 때는 벽지를 정확히 맞접기로 하여야 한다.
※ 슬리퍼나 샌들류를 착용하고 시험에 응시할 수 없다.

PART 03

부 록

도배기능사 실기문제 해설집

Chapter 01 각 장판지 깔기(바르기)

1 바닥을 띄우지 않고 시공할 경우

① 바닥 규격 : 210cm×210cm
② 각 초배지 규격 : 47cm×88cm 또는 45cm×90cm
③ 각 장판지 규격 : 77cm×95cm − 6배지 또는 8배지
　㉠ 지급 장수 : 9장
　㉡ 거친 면에 된 풀칠
　㉢ 겹침 : 5cm
　㉣ 양갓 올림 : 2.5cm
④ 풀 : 필요량
　▶ 작업 순서
　1. 재단
　　1) 기초 작업 : 바닥면 정리
　　2) 초배지 재단
　　　① 갓둘레 : 4장으로 3등분. 12EA
　　　② 초배지 : 15장으로 2등분. 30EA ┐ 중 선택
　　　　　　　　 또는 18장으로 2등분. 36EA ┘

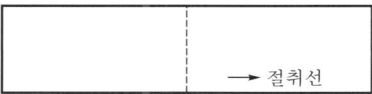

30EA=6EA×5EA
36EA=6EA×6EA

　　　③ 덧초배 : 2장으로 폭 9cm 또는 6cm로 12EA 준비
　　　④ 물먹임 초배지 : 2장 준비
　　　∴ 총 초배지 필요량 : 23~26장
　　3) 각 장판지 나누기 및 재단
　　　① 나누기 공식 : 가로 210cm×세로 210cm의 바닥면적일 경우
　　　　　가로·세로 : 210cm÷3장=70cm+5cm 겹침=75cm

② 재단
　　㉠ 장판지 : 9장을 포개어 놓고 가로×세로를 75cm로 재단한다.
　　㉡ 굽지 : 장판지를 재단하고 남은 것으로 폭 5cm로 재단한다.
2. 갓둘레 풀칠 및 붙이기 작업
3. 공간 초배지 풀칠 및 붙이기 작업
　1) 펴는 방법 – 밀어내기
　　① 1/2로 절단(재단)한 초배지를 포개어 놓고 손가락(검지, 중지, 약지, 새끼손가락)을 펴서 대각선으로 초배지 각 장의 간격이 1cm가 되도록 밀어준다. 그리고 1cm로 된 풀칠하고 붙이기 작업을 한다.
　　② 또 다른 방법은 줄자를 세로로 잡고 45~50° 정도로 세워서 옆으로 밀어내기 하는 방법도 있다.

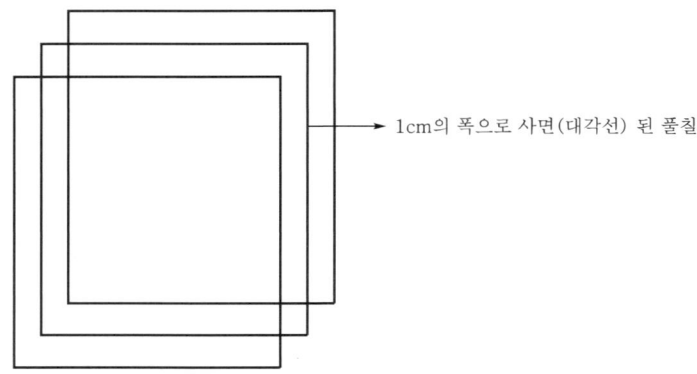

1cm의 폭으로 사면(대각선) 된 풀칠

　2) 공간 초배지 작업 방법
　　① 갓둘레를 붙이고(폭 10~15cm), 초배지 4장으로 3등분 하면 12EA 나온다.
　　② 공간 초배지를 붙이는 방법 2가지
　　　㉠ 갓둘레에 공간 초배지를 완전히 덧붙이고 작업하는 방법 : 공간 초배지 업어 나가기는 약 7~8cm
　　　㉡ 공간 초배지를 갓둘레에 5cm만 업고 작업하는 방법
　　　　ⓐ 공간 초배지 업어 나가기는 약 10cm
　　　　ⓑ 약 10cm 업으면서 시공, 마지막 장은 B벽 쪽의 갓둘레에 5cm 업음.
　　　※ 공간 초배지 작업은 공간 초배를 할 수 있는가 없는가의 작업 능력을 보는 것이다.

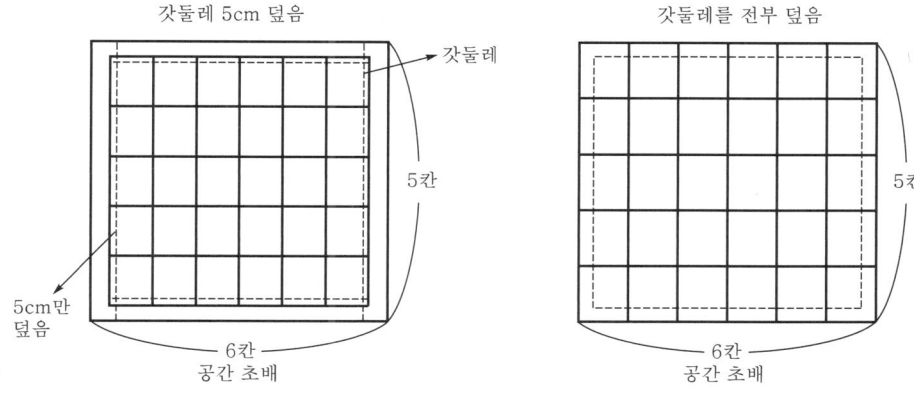

③ 장판지 물칠 : 표면이 맨들맨들한 면에 풀솔로 한 장씩 물칠을 한 뒤 물칠한 장판지는 옆에 포개어 놓고, 마지막 장(제일 윗장이 되는 장)은 물칠을 하지 않는다. 이유는 초배지 2장을 물에 듬뿍 적셔 덮어 놓기 때문이다. 그리고 나서 장판지 잠재우기(숙성)가 될 때까지 주변 정리를 하고 장판지 깔 준비를 한다.

④ 장판지 풀칠 및 깔기
   ㉠ 물칠한 장판지에 덮어 놓은 축축한 초배지를 거두어 내고 딱솔(빡빡이솔)로 장판지 한 장씩 된 풀칠을 한다.
   ㉡ 풀칠이 된 장판지를 1/2로 접고, 또 접는다.

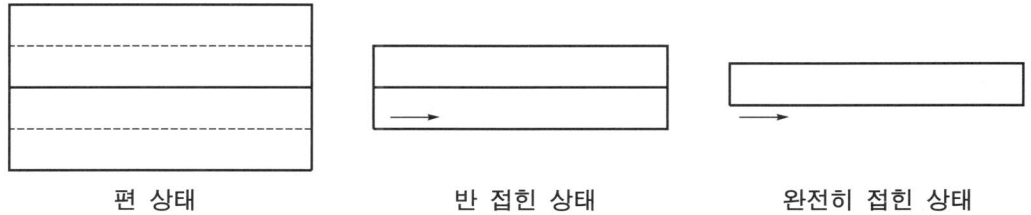

편 상태   반 접힌 상태   완전히 접힌 상태

   ㉢ 된 풀칠을 끝낸 후, 뒤집어서 한 장씩 깔기 시작한다.
   ㉣ 깔기
      ⓐ C벽면 입구에서 A벽면 쪽으로 깐다(B벽면까지).
      ⓑ 네 귀모임 따기(각 따기)는 신용카드 등의 밑받침을 사용한다.
        • 밑장 위에 신용카드를 끼우고

• 둘째 장과 셋째 장을 대각선으로 칼받이를 사용하여 칼질하고 절취된 부분은 **빼낸다**(2개). 이어 넷째 장으로 덮고 커터칼 헤라로 문질러 준다.

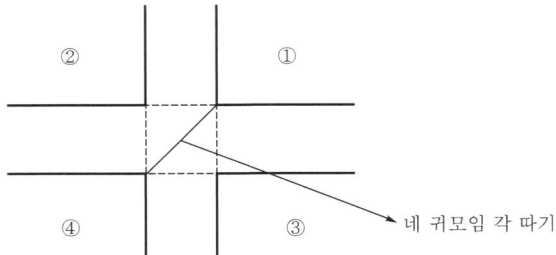

ⓜ 굽지(굽돌이) 붙이기 : 굽지 풀칠은 장판지 풀칠할 때 풀칠을 해 놓는다.
ⓐ 연결 이음 : 1cm
ⓑ 코너 이음솔기 : 5mm~1cm
ⓗ 덧초배 깔기 : 재단을 해 놓은 덧초배를 물에 적셔 5cm 겹침 위에 덧붙인다.

2 전면 10cm를 띄우는 경우

• 나누기 공식 : 가로 210cm×세로 200cm의 바닥 면적일 경우
  가로 210cm÷3장=70cm+5cm 겹침=75cm
  세로 200cm÷3장=67cm+5cm 겹침=72cm
※ 72cm를 A벽 방향으로 할 것인지 B벽 방향으로 할 것인지를 마음속으로 결정한다.

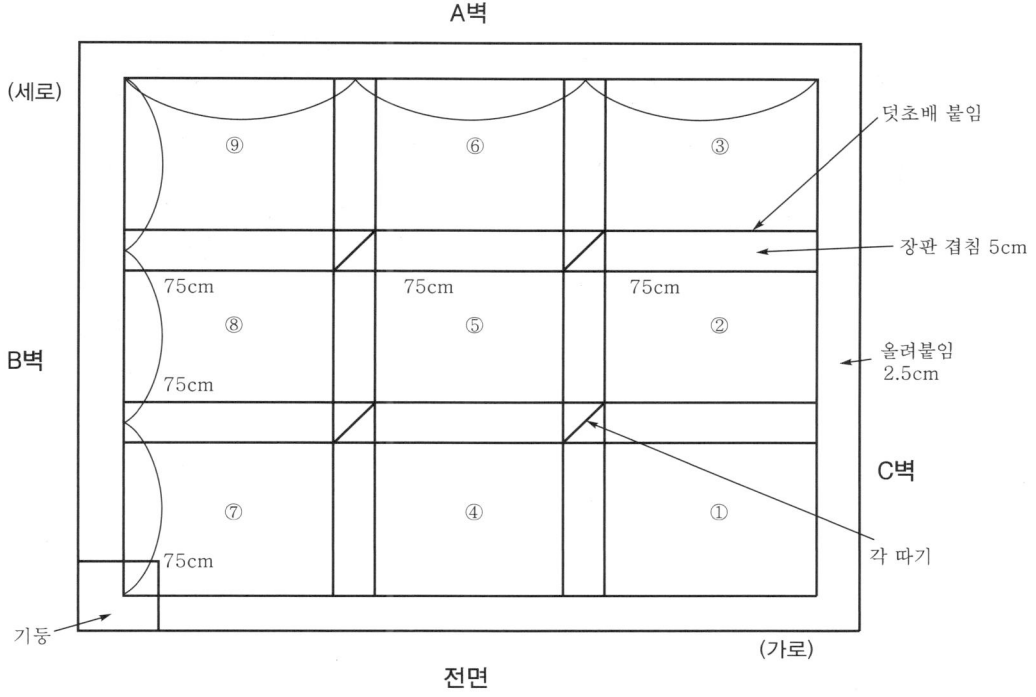

3 전면 20cm를 띄우는 경우

① 나누기 공식 : 가로 210cm×세로 190cm의 바닥 면적일 경우
   가로 210cm÷3장=70cm+5cm 겹침=75cm
   세로 190cm÷3장=64cm+5cm 겹침=69cm
② 몇 cm를 띄우라고 도면에 나오면 입구에서 띄우라는 cm를 띄우고 연필로 공간 초배를 한 바탕면에 선을 그어 놓는다.
③ 장판지 깔기는 그어 놓은 선을 기준으로 하여 깔기 작업을 하면 된다.

[사진 3-1] 장판지 재단하는 모습(1)

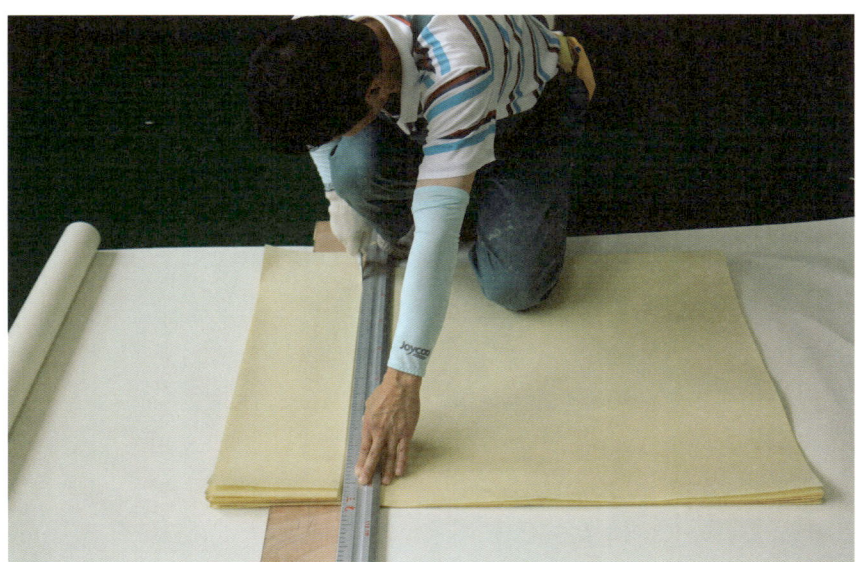

[사진 3-2] 장판지 재단하는 모습(2)

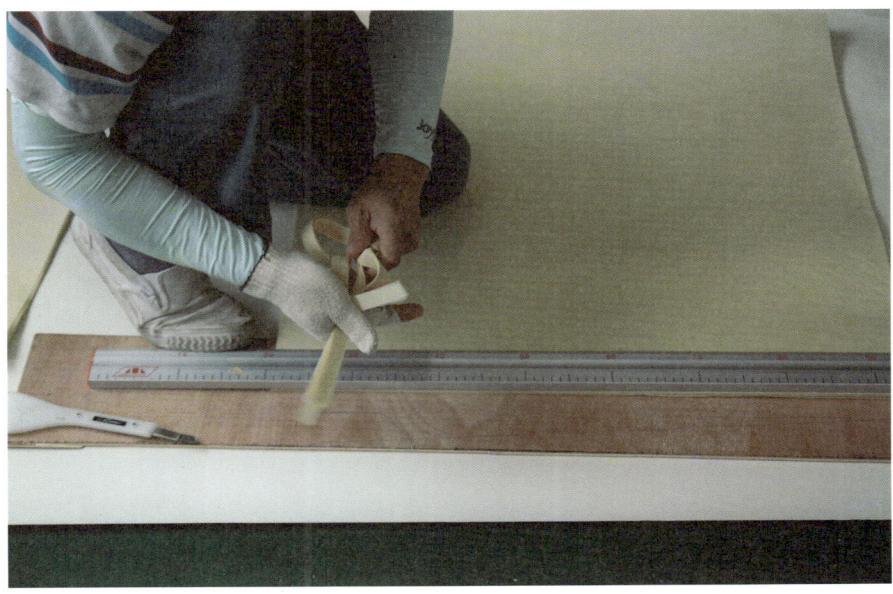

[사진 3-3] 장판지 재단 후 처리하는 모습

[사진 3-4] 손가락으로 밀어내기 하는 모습

[사진 3-5] 줄자로 밀어내기 하는 모습

[사진 3-6] 밀어내기 한 것을 접는 모습

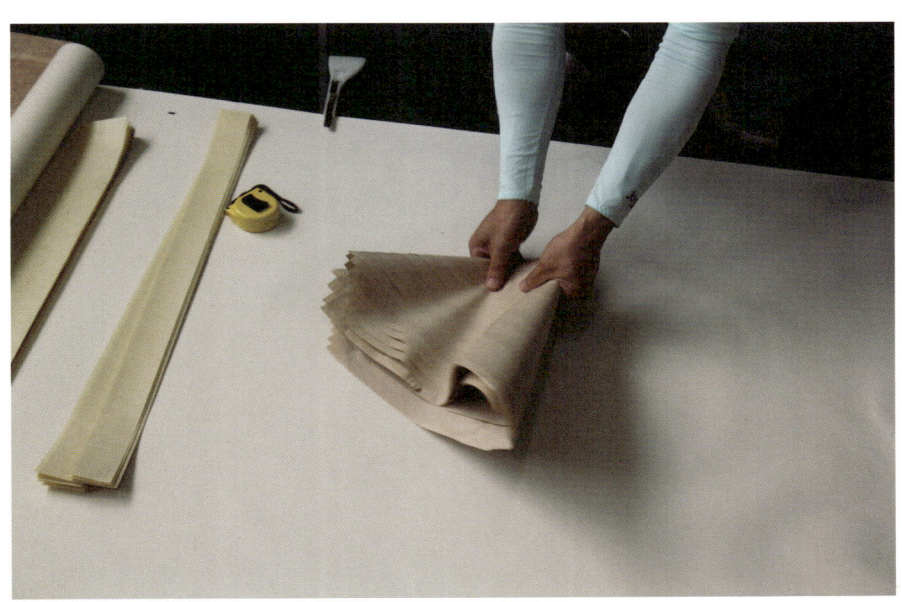

[사진 3-7] 밀어내기 한 것을 접어 놓은 모습

[사진 3-8] 재단한 것을 부스 위에 보관하는 모습

[사진 3-9] 갓둘레를 재단하는 모습

[사진 3-10] 갓둘레를 붙이는 모습(1)

[사진 3-11] 갓둘레를 붙이는 모습(2)

[사진 3-12] (기둥 앞에) 갓둘레를 붙이는 모습(3)

[사진 3-13] 갓둘레를 붙이는 모습(4)

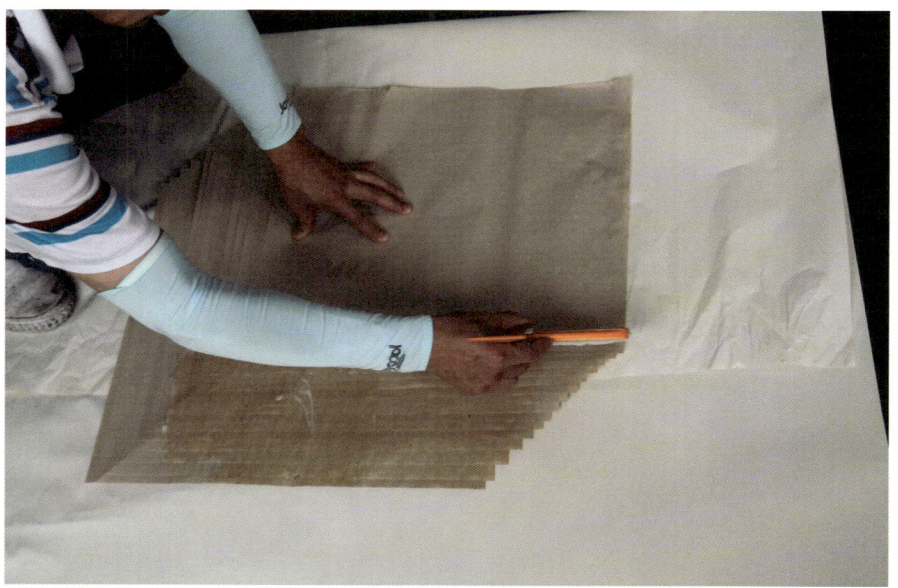

[사진 3-14] 공간 초배지에 풀칠하는 모습(1)

[사진 3-15] 공간 초배지에 풀칠하는 모습(2)

[사진 3-16] 공간 초배지에 풀칠하는 모습(3)

[사진 3-17] 공간 초배지에 풀칠한 것을 잡는 모습

[사진 3-18] 공간 초배지를 붙이는 모습(1)

[사진 3-19] 공간 초배지를 붙이는 모습(2)

[사진 3-20] 공간 초배지를 기둥 앞과 옆에 붙이는 모습(1)

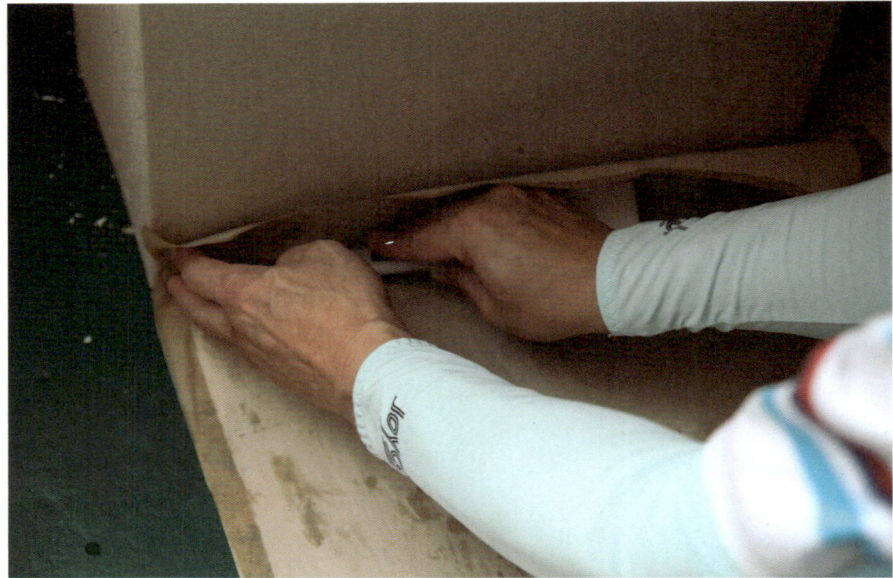

[사진 3-21] 공간 초배지를 기둥 앞과 옆에 붙이는 모습(2)

[사진 3-22] 공간 초배가 완성된 모습

PART 03 | 부 록

[사진 3-23] 장판지에 물칠하는 모습(1)

[사진 3-24] 장판지에 물칠하는 모습(2)

도배기능사 실기문제 해설집

[사진 3-25] 물칠한 장판지에 물 초배지를 덮는 모습(1)

[사진 3-26] 물칠한 장판지에 물 초배지를 덮는 모습(2)

[사진 3-27] 굽지에 풀칠하는 모습

[사진 3-28] 장판지에 풀칠하는 모습

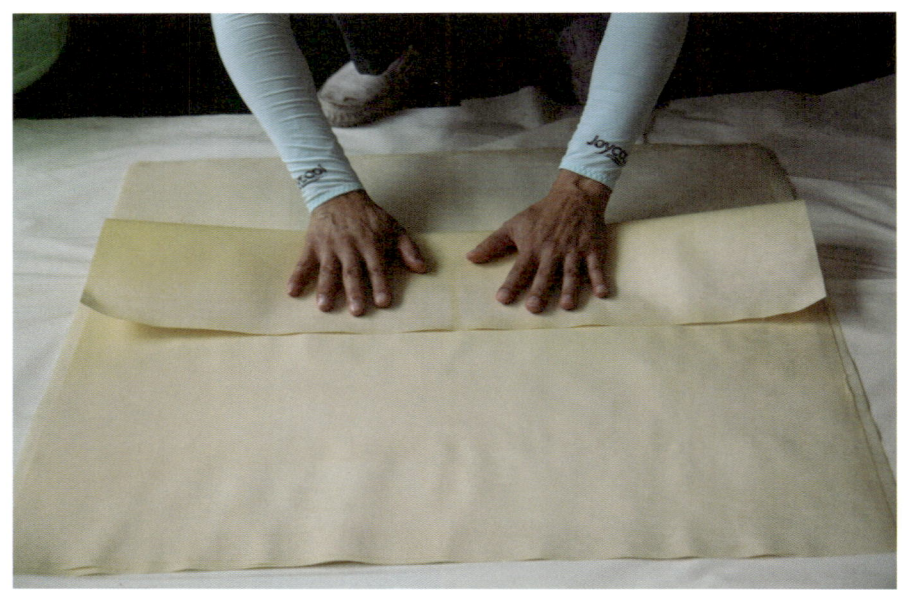

[사진 3-29] 장판지 접기(1)

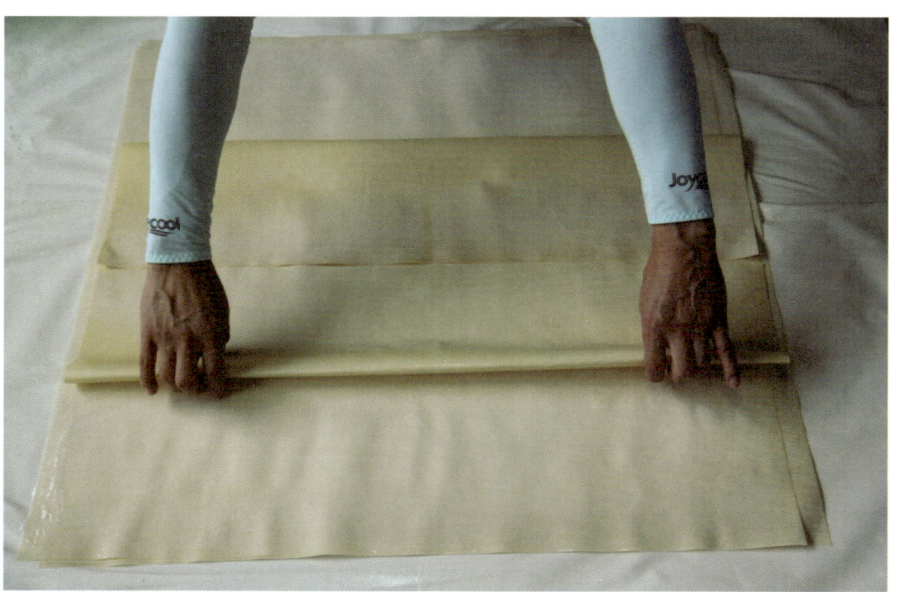

[사진 3-30] 장판지 접기(2)

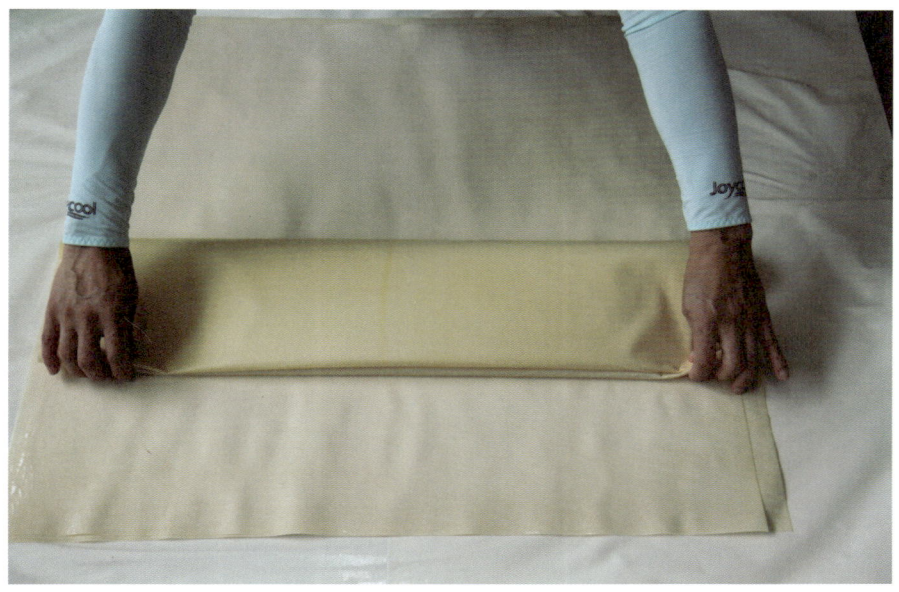

[사진 3-31] 장판지 접기(3)

[사진 3-32] 장판지 깔기

[사진 3-33] 네 귀모임 각 따기(1)

[사진 3-34] 네 귀모임 각 따기(2)

[사진 3-35] 네 귀모임 각 따기 완성된 상태

[사진 3-36] 굽지를 붙이는 모습

[사진 3-37] 덧초배지를 물에 담근 상태

[사진 3-38] A벽 장판지 올려 붙임에서 2.5cm로 칼질하는 모습

[사진 3-39] 덧초배지 깔기

[사진 3-40] 각 장판지 깔기가 완성된 상태

Chapter 02 컬러 테라피(Color therapy)

1 색의 효과(Color effect)

색(Color)은 사람의 마음을 밝게 그리고 맑게 해주는 효과가 있다. 이를테면 사람의 심리를 변화시켜 주는 '화려한 심리 마술사'라고도 할 수 있을 것이다.

도배(塗褙)에도 색을 이용한 '컬러 테라피(Color therapy · 컬러 요법)'에 대한 관심이 집중되고 있어 포인트 컬러로 성격의 변화, 개성 추구, 분위기 전환 등으로 색의 효과를 찾고자 노력하고 있다.

컬러 테라피는 색채마다 고유의 에너지가 있다고 전제하고 그 에너지를 이용해 성격의 변화와 건강 상태를 변화시키는 자연 요법으로, 심지어 고대 이집트에선 '빛의 스펙트럼'으로 환자를 치유했다고 한다.

'컬러 테라피'는 심리학자들의 논문에서 언급되고 있으며, 미술학계에서도 학문적으로 연구하고 있는 부분이다(2005년도 동아일보 칼럼 "색은 色이다." - 경북대 산업디자인과 교수).

'컬러 테라피'에 많은 사람이 관심을 갖게 된 것은 천재소년 송유근(과학기술연합대학원) 군이 파란색으로 도배한 방에서 생활하였다고 부각시킨 '하늘채 아파트'가 CF에 방영된 후부터이다. 또한 2005년 10월 17일 KBS 무한지대큐에서 '대한민국 도배지존-아이들 방 도배'가 방영된 후 컬러 테라피에 대한 관심과 인기는 높아지고 있다.

2 색의 종류

① Beige : 엷은 다갈색
  • Mid beige : 중간 베이지
② Brown : 갈색, 밤색
  • Cocoa brown
③ Gray＝Grey : 회색, 쥐색, 잿빛
④ Blue : 푸른색, 새파란 감색, 남빛

⑤ White : 흰색
⑥ 파스텔색(Pastel color) : 우아하고 옅은 색
⑦ Pink : 분홍색
　　• Pink yellow
⑧ Green : 녹색, 초록빛
⑨ Yellow : 황색, 노란색, 황금색
　　㉠ Right yellow : 적당한 황색
　　㉡ Yellow beige
⑩ Sky : 하늘색
⑪ Orange : 주황색
⑫ Ivory : 크림색, 상아색
⑬ Gold : 금색
　　㉠ Red gold
　　㉡ 럭셔리한 금색(Luxury gold)
⑭ Black : 검은색
⑮ Milky : 유백색, 은하수(Galaxy)
⑯ 카키색(khaki color) : 연한 국방색
⑰ Bright red : 선홍색
⑱ Vermilion : 주색(朱色)
⑲ Brights & Vivids : 밝고 발랄한 색
⑳ Violet : 보라색, 제비꽃

3 색깔별 효과

색 명	효 과
빨간색	• 삶에 활기를 불어넣어 주고 열정을 불러일으킨다. 우리나라에는 자식들이 첫 월급을 타면 어머니에게 빨간 내의를 선물하는 풍습이 있다. 이것은 빨간 속옷을 입으면 에너지가 충전될 수 있다는 말이 전해 내려오기 때문이다.
주황색	• 인간관계를 원만하게 해 주며 책임감과 협동심을 키워준다. • 식욕을 돋우어 준다.
노란색	• 흡수력이 있다. 성장하는 어린아이들의 옷이나 학용품, 신발, 우산 등이 노란색인 것을 보면 알 수 있다. • 마음을 따뜻하게 해 주고 친근한 성격으로 변화시켜 준다. • 소화가 안 될 때 노란색 차를 마시면 편안해진다고 한다. • 집중력을 높여 주는 색으로 파란색보다 효능이 있다. • 벽에 국화 그림이나 해바라기 그림을 붙여 놓으면 마음의 안정과 피로 해소에 좋다.
초록색	• 마음을 편안하게 안정시켜 준다. • 눈에 이롭다. • 평화와 이상을 생각하게 한다. • 자기만족과 자신감을 키워준다. • 차 내부를 녹색으로 꾸미면 교통체증 시 짜증날 때 도움이 된다.
파란색	• 머리를 식혀주며 감정을 억제할 수 있는 능력을 길러준다. • 냉정한 사고력을 길러준다. • 내면의 능력을 발휘하고 의사소통을 잘하게 돕는다. • 파란 옷은 신뢰감도 주지만 차가운 느낌도 준다. • 목이 아플 때 파란 스카프가 도움이 된다.
보라색	• 창의력을 키워준다. • 두통에 보라색 모자가 좋다.
(진)분홍색	• 다른 사람을 돌보고 보호하는 에너지가 있다. • 창조력을 키우는 문화적인 색이기도 하다. • 온화함과 자애를 상징한다.

Chapter 03 실내 인테리어에 활용되는 색

1 실내 인테리어 시 고려할 점

우리는 보통 2/3에 달하는 시간을 장소가 다를 뿐 실내에서 보낸다. 그렇기 때문에 실내 장식을 자주 바꾸는 것이 아니라면 처음부터 올바르게 선택하는 것이 현명하다. 건물의 기본 구조를 뒤덮고 있는 의복은 페인트, 천, 카펫, 벽지로, 사람의 옷이 피부와 근육, 뼈를 뒤덮고 있는 것과 일맥상통한다.

(1) 도배나 다른 실내 장식을 바꿀 때

　　첫째, 방(Room)의 특성을 고려해야 되고
　　둘째, 사용하고자 하는 색에 초점을 맞추고
　　셋째, 문양(무늬)을 생각해 보아야 한다.

(2) 사용 공간에 어울리는 색을 설계한다면

　　① 그 장소에서 주로 생활하는 곳은 어디인가?
　　② 밝은 곳인가? 어두운 곳인가? 빛은 얼마나 들어오는가?
　　③ 기본적으로 배치되어 있는 색을 관찰(나무나 벽돌 등의 색)하면?
　　④ 어떤 환경을 만들고 싶은가?
　　　　㉠ 자극적이고 밝은 환경으로?
　　　　㉡ 침착하고 조용한 환경으로?
　　⑤ 분위기는?
　　　　㉠ 시원한 분위기?
　　　　㉡ 따뜻한 분위기?
　　⑥ 천장은 높은가? 낮은가?
　　⑦ 내부를 넓어 보이게 하고 싶은가, 아니면 좁아 보이게 하고 싶은가?
　　⑧ 방의 기본 형태(구조)는 어떤가?
　　　　㉠ 좁고 긴 편인가?
　　　　㉡ 넓고 짧은 편인가?

2 아이방

(1) 아이방
  ① 어린이부터 십대에 이르는 자녀가 쓰는 방에는 빨강, 주황, 노랑 계열의 색을 추천한다. 이유는 밝고 환한 환경을 만들어 줄 수 있기 때문이다.
  ② 십대가 지난 자녀들은 녹색과 푸른 계열의 색조가 좋으며, 어두운 색은 피하는 것이 좋다.
  ※ 책을 읽을 때 눈의 피로를 최소화할 수 있도록 조명에 각별한 신경을 쓰는 것도 잊지 말아야 한다.

(2) 아이 놀이방
  ① 강하고 밝은 색 : 빨강, 노랑, 마젠타
  ② 부드럽고 침착하고 조용한 환경에는 초록, 청록, 보라, 파랑이 효과를 발휘하기 때문에 침실이나 서재에 사용하여도 좋다.

3 침실 및 욕실

(1) 침실
편안함, 고요함, 평화로움이 필요한 공간으로 부드럽고 수수한 색으로 선택하며 무거운 색은 피한다.
  ① 추운 지방 : 따뜻한 스펙트럼에서 색을 선택한다.
  ② 더운 지방 : 푸른색 계열로 시원하고 상쾌한 분위기를 준다.

(2) 부부용 침실
  ① 두 사람이 함께 동의할 수 있는 색을 찾아보아야 한다. 매우 강하거나 자극적인 분위기를 원하지 않는 한 어둡거나 선명한 색은 피하는 것이 좋다.
  ② 색으로는 장미색, 복숭아꽃색(마젠타, 적자주색), 부드러운 레몬색, 라일락색, 분홍색과 같은 온화하고 엷은 색이 따뜻하고 편안한 느낌을 준다.

(3) 욕실

작은 공간이기 때문에 벽(Wall)을 연한 색부터 중간 색조의 색으로 선택하면 더 넓고 트인 공간처럼 느낄 수가 있다.

① 타일, 세면대, 욕조, 변기는 기본색으로 바꿀 일이 거의 없다.
② 색은 흰색, 회색빛 나는 흰색이 적당하다. 그 외에도 파랑, 청록색의 녹색 계열이 자연과 물을 상기시켜 주며 신선하고 열린 공간 같은 감각을 준다.
③ 대비되는 색은 수건, 칫솔, 드라이기 등의 소소한 물품에 적절히 활용하면 된다.

4 거실 및 부엌

(1) 거실

① 자연적인 색에 맞춰서 결정해야 한다. 거실에서는 흔히 대화를 하거나 쉴 때가 많기 때문에 색의 대비가 너무 강하면 정신을 분산시킬 소지가 있다.
② 색이 단조롭지 않게 하려면 벽의 색채와 다소 대조를 이루는 색으로 한다.
  • 포인트 벽지
③ 일반적으로 소파와 양탄자, 의자 덮개는 벽 색깔보다 어두운 색조가 좋다.
④ 거실의 색은 온화한 색조가 이상적이다. 꽃병이나 스탠드, 화분 같은 작은 물건의 색으로 강조 효과를 노릴 수 있다.

(2) 부엌

부엌은 활력을 북돋워주는 색이 좋다. 부엌의 한 부분에는 빨간색, 복숭아꽃색, 주황색, 노란색의 색조를 사용하는 것이 이상적이다.

① 싱크대에 대비되는 색으로 사용 : 빛 반사를 증가시켜 준다.
② 어두운 색으로 꾸민 부분 : 강하고 선명한 조명 장치를 한다.
③ 수건, 식기, 냄비와 같은 도구 활용 : 색을 강조하는 효과를 준다.

(3) 부엌 벽

부엌 벽에는 연한 색부터 중간 색조를 선택하는 것이 편안하며 아늑하고 즐거운 공간 분위기를 만들 수 있다.

① 음식의 색과 관련된 색으로 찾는 것이 포인트이지만, 연녹색이나 노랑과 같이 지나치게 연한 색은 질병이나 허약함을 연상시키기 때문에 피하는 것이 좋다.
② 식탁보나 냅킨(Napkin)은 대조적인 색으로 사용한다.
③ 음식의 색채를 돋보이게 하는 조명을 찾아보는 것도 바람직하다.

[사진 3-41] '태양 모자이크' 거실

[사진 3-42] 거실 벽 도배지 '모젤 휴엔'-식욕을 돋우는 '주황색'

5 천장 · 벽 · 바닥

색을 고를 때 한 가지 기억해야 할 점은 좁은 공간보다 넓은 공간에서 색이 더 강렬해 보인다는 점이다.

(1) 넓은 공간에 사용할 때에는 자신이 생각했던 것보다 더 옅은 색조를 색 견본에서 골라야 한다.

(2) 천장색은 다른 곳의 색보다 좀 더 밝은 색으로 선택하는 것이 좋다. 자연광이 없는 밤에도 빛의 성질을 지닐 수 있기 때문이다.
　① 전통적으로 천장에는 흰색이나 회색빛 도는 흰색을 사용한다.
　② 높은 천장을 낮아 보이게 하고 싶으면 다른 색들보다 더 어두운 색으로 선택한다. 그러나 지나치게 어두우면 안 된다.
　③ 천장이 낮아 보일 때 더 개인적이고 아늑한 느낌을 주지만, 너무 지나치면 꽉 막힌 밀실 같은 느낌이 든다.

(3) 벽을 장식하는 색으로는 보통 하얀색의 중간 톤부터 밝은 톤으로 이어지는 색을 사용한다. 하지만 방으로 들어오는 빛이 충분한 상태라면 어두운 색조가 오히려 효과적일 것이다. 그럴 때에는 인공 조명을 배치하여 그 방의 공간 감각을 넓힐 수 있다.

(4) 바닥의 색은 일반적으로 벽의 밝기와 비슷하거나 중간 톤부터 어두운 색조를 선택한다. 밝은 색으로 바닥을 꾸미려면 많이 다니지 않는 곳과 청소를 자주 하지 않아도 되는 곳을 선택해야 한다.

Chapter 04 아이방 도배하기

1 아이방의 도배 문화는?

아이방의 도배 문화의 개념도 이제는 Education(교육)＋Entertainment(오락)으로 생각하여 Edutainment room(즐겁게 휴식하며 공부하는 방)으로 발전시켜 줄 시대가 되었다. 이를테면 '즐기면서 공부하는 방'으로 하루의 생활을 즐겁게 하자는 뜻이 내포되어야 하는 것이다.

아이가 좋아하는 색과 그림, 그리고 캐릭터는 공부가 되는 놀이이며, 인격 형성과 성장에 밑거름이 되고 지능 발달에 좋다. 그렇기 때문에 아이가 원하는 벽지로 도배를 하면 상상력을 키워주고 시각적인 만족감을 주어 아이의 정서에 도움이 되는 일석이조의 효과를 얻을 수 있다.

2 아이방의 벽지 선택

과거에는 아이방의 벽지 선택은 부모의 일방적인 생각에 의해서 결정되었으나, 경제 성장과 더불어 산아 제한 정책으로 인해 아이가 귀한 자녀로 인식되면서 아이방의 분위기와 아이의 개성에 맞추어 도배를 하기 시작했다. 그러다 최근 본격적으로 아이의 성격에 맞추어 도배하는 경향이 뚜렷이 나타나고 있다.

이를테면 '맞춤형 퓨전 도배(Making Fusion Dobae)'를 추구하는 도배 문화가 정착되어 가고 있는 것이다. 이에 이 아이템(Item)을 상품화하여 프랜차이즈로 확대, 전국적으로 확산시키는 전문인도 있다.

이러한 생각과 발상으로 벽지의 선택은 아이의 성격 변화와 인격 형성에 영향을 미친다는 점에서 중요도가 커지고 있다.

3 맞춤형 퓨전 도배

(1) 맞춤형 퓨전 도배의 개념

천장과 벽의 도배지 색깔을 아이의 성격과 두뇌 발달에 적합한 것으로 선택하여 도배하는 것을 말한다.

예를 들면 책상 앞의 벽면은 머리가 맑아진다는 하늘색 종류나 파란색 종류, 천장은 별빛이 빛나는 축광 벽지나 하늘색에 구름이 떠 있는 벽지로, 또 다른 벽의 면들은 아이의 성격에 따른 아이가 좋아하는 색깔과 그림이 있는 도배지로 도배를 하는 것이다.

① 성격에 따라
② 좋아하는 색과 개성에 따라
③ 분위기에 따라(안방, 거실, 식당, 사무실 등)

(2) 장점

가치(Value)를 심어준다.

퓨전 인테리어(Fusion Interior)란?

1. 우리가 갖고 있는 것들을 버리는 것이 아니라, 가치를 찾아 재활용하고 새 것과 조화를 이루는 것이다.
2. 한국 민화(옛날에 민간에서 그린 그림)를 벽지로 재현한 '전폭 벽지'를 거실 전면에 도배한다면 벽화처럼 느낄 수 있고, 마치 병풍을 세워놓은 듯 이색적인 공간 연출에도 성공할 수 있다.

4 아이 성격에 따른 벽지 색깔 선택

(1) 내성적인 아이들

내성적인 아이들한테는 붉은색이 좋다. 붉은색은 성격을 건강하게 해 주고 외향적인 성격으로 바꾸어 줄 수도 있다.

- Red Color는
    ① 활동적이고 원만한 성격을 가지게 한다.
    ② 친구 관계가 좋고 매우 협동적인 성격으로 발전할 수 있다.

대부분의 내성적인 아이들은 차분한 색상을 좋아하지만 가능한 밝은 톤의 색상을 많이 접하게 해주어야 한다. 이를테면 노란색, 파란색, 빨간색 등의 원색을 기본으로 하고 화사한 느낌을 주는 파스텔톤으로 꾸며 주어 아이의 생각을 바꾸어야 한다.

(2) 산만한 아이들

산만한 아이들한테는 푸른색이 좋다. 푸른색은 머리를 식혀주며 감정을 억제할 수 있는 능력을 길러준다.
- Blue Color는
    ① 집중력이 떨어지고 정서적으로 불안하다고 생각되는 아이는 차분한 색상을 선택하는 것이 좋으며 띠 벽지를 사용하여 색의 구분을 확실히 해준다.
    ② 푸른색은 심리적으로 안정감을 주며 냉정한 사고력을 길러준다.

(3) 성격이 급하고 성적이 잘 오르지 않는 아이들

집중력이 떨어지는 아이에게는 녹색이 좋다.
- Green Color는
    ① 눈에 이로운(좋은) 색이다.
    ② 차분하고 안정된 색상으로 신중한 생각을 할 수 있게 해준다.
    ③ 자기 만족이나 스스로에게 자신감을 심어 준다.

(4) 친구와 잘 어울리지 못하고 혼자서만 노는 아이들

노란색과 같이 활동력을 키워줄 수 있는 밝고 화사한 원색을 자주 접하게 하는 것이 좋다. 방을 꾸밀 때는 연노란색, 연녹색, 살구색 등의 생기가 도는 색을 사용하는 것이 좋고, 꽃과 나무, 동물의 캐릭터 그림으로 단조로움을 보완한다. 아이보리, 연한 베이지, 주황색 등도 좋다.
- Yellow Color는
    ① 아이의 마음을 따뜻하게 해준다.
    ② 친근한 성격으로 만들어 준다.

(5) 잘 싸우는 아이들

흰색이 이상적이다. 이런 아이의 성격은 대부분 감정 기복이 심하고 정서적으로 불안한 상태에 있다. 따라서 자극성이 없는 흰색이나 아이보리색 등의 안정감을 주는 색상을 사용해서 방을 꾸며 주면 좋다. 파스텔톤의 줄무늬 벽지나 초록색 또는 하늘색의 벽지도 무난하다.

- White Color는
    ① 마음을 청결하게 해준다.
    ② 순수하고 정직한 마음을 갖게 해준다.

(6) 잠이 많은 아이

유달리 잠이 많아 공부에 지장이 있는 아이의 방은 하늘색이 이상적이다. 특히 하늘색에 구름이 있는 벽지는 상상력을 자극해 머리가 맑아지게 해준다.

연령에 따른 벽지 컬러의 선택 예

1. 세 살~초등학교 입학 전까지 : 은은하고 안정감 있게 꾸민다.
2. 초등학교 1학년~3학년까지 : 동·식물, ABC 등 영어 캐릭터가 있는 벽지, 축광 벽지(천장), 집중력과 시력 보호 벽지 등
3. 초등학교 4학년~6학년까지(사춘기 시절)
    ① 밝은 바탕색에 빨간 꽃무늬가 그려진 벽지
    ② 좋아하는 동화 그림이 그려진 벽지
    ③ 성격 및 개성과 분위기를 살릴 수 있는 벽지
    ④ 모험 이야기 등 이야기가 있는 벽지
4. 중학교 1학년~3학년까지 : 다소 화려한 색의 벽지
5. 고등학교 1학년~3학년까지 : 캐릭터로 꾸며진 벽지
6. 대학생 : 점잖은 색과 무늬가 큰 벽지
※ 꽃무늬 : 계절의 변화에 크게 구애받지 않고 화사하면서도 고급스러운 실내 분위기로 소비자의 요구를 충족시킬 수 있다.

실제 아이방 도배지 시공 예

[사진 3-43] 아이방 천장에 '축광 도배지'를 시공한 모습
불을 끄면 빛이 나타났다가 잠이 들 때 빛이 사라진다.

[사진 3-44] 아이방 벽지

[사진 3-45] 천장 : 축광 도배지, 벽 : 푸른색
하단은 녹색으로 산(산등선)을 모자이크 함.

[사진 3-46] '달리기' 무늬의 벽지로 도배한 아이방 벽

[사진 3-47] '무지개' 무늬의 벽지로 도배한 아이방 벽

Chapter 05 새집증후군 예방

1 인체에 무해한 벽지 제조

(1) 인체에 무해한 벽지 제조

천식, 알레르기, 피부 발진, 현기증 등에 관한 문제가 대두되면서 벽지 업계에서도 웰빙에 발맞추어 사람의 인체에 해로운 포름알데히드(HCHO)나 휘발성 유기화학물질(VOCs), 총휘발성 유기화합물질(TVOC) 등을 배제한 친환경 벽지를 개발하고 있다.

(2) 「실내 공기질 관리법」 국회 통과
① 나노 기술이 완성시킨 광촉매 시스템
② 게르마늄 및 폴리텍스 수성 잉크 시스템
③ 기타 천연 재료를 이용한 천연 벽지
황토는 음이온과 원적외선 기능이 좋으며, 각종 오염 물질인 유해가스와 중금속, 시멘트독 등을 비롯하여 세균 및 곰팡이에 대한 향균 기능이 뛰어나다.

2 새집증후군 예방 방법

(1) 새집증후군을 줄이는 최선의 방책은 '실내 공기 환기'이다. 자연 환기는 적어도 오전·오후로 나누어 하루에 두 번 이상 하고, 오전 10시 이후나 일조량이 많은 낮 시간에 환기를 시키는 것이 좋다. 그리고 새집 입주 전에는 '베이크 아웃(Bake out)'을 하여야 한다.
① 베이크 아웃(Bake out)은 일주일 이상이 좋다. 그렇게 해야만 포름알데히드나 기타 유해물질(벤젠, 톨루엔, 자일렌 등)을 최대한 발산시킬 수 있다. 또한 실내 가구나 수납장의 문도 모두 열어두어 새집증후군 발생 물질을 가급적 많이 배출할 수 있도록 신경을 써야 한다.
② 입주 후 일정 기간은 환기를 습관화, 생활화하여야 하고, 채광이나 통풍을 위해서 커튼은 입주 2~3개월 후에 설치하거나 항상 열어두는 것이 효과적이다.

③ 실내 공기가 오염되면 일시적 또는 만성적으로 두통이나 구토, 어지러움 등의 증세를 겪을 수도 있다.

(2) 실내 공기질을 높이기 위해서는
　① 평소 환기를 자주 하는 습관을 들여야 한다.
　② 봄·가을에는 창문을 조금 열어둔다.
　③ 겨울에는 2~3시간 주기로 10분 가량 환기를 시켜주면 좋다.

(3) 벽지나 바닥재 시공은 창문을 열어두고 생활하는 여름철이 좋다.
　• 유해 물질의 피해를 줄일 수 있기 때문에

(4) 유해 물질을 흡착하는 식물을 키우는 것도 좋다.

3 실내 공기 정화 식물

실내에 식물을 놓아두면 공기 정화에 도움이 된다. 실내 각 장소별 효과적인 실내 식물은 다음과 같다.

(1) 거실

공기 정화의 효과가 좋고, 빛이 적어도 잘 자라며 휘발성 유해물질(VOC) 제거 능력이 우수한 식물을 준비하면 좋다.
　① 아레카 야자
　② 대나무 야자
　③ 산세베리아(Sansevieria) : 음이온이 나와 전자파를 차단한다.
　④ 인도 고무 나무(Rubber Plant) : 담배 연기와 미세 분진을 제거한다.
　⑤ 벤자민 고무 나무(Ficus Benjamin) : 잎이 많고 모양이 수려한 벤자민 고무 나무는 거실에 좋은 식물이다. 직사광선을 좋아하고 13~15℃에서 가장 잘 자란다.
　⑥ 치자 나무
　⑦ 라벤더

(2) 욕실

암모니아 가스 등 냄새 제거 능력이 탁월한 식물을 준비하면 좋다.

① 관음죽(Lady Plam) : 암모니아를 흡수하며 그늘지고 습한 환경에서도 잘 자란다. 여름에는 물을 듬뿍 주고, 겨울에는 거의 주지 않는다. 음지 식물로 빛이 많지 않은 실내에서도 잘 자라며 열대 식물이지만 0℃의 추위에도 잘 견디기 때문에 화장실에 두면 좋다.
② 호말로메나
③ 국화(Chrysan themun) : 욕실 입구에 두면 악취 제거 효과가 있지만, 밝은 빛을 좋아하므로 2~3일에 한 번씩 창가로 옮겨 주어야 한다. 활짝 피어난 국화꽃은 공기 중의 암모니아를 흡수, 제거하는 능력이 뛰어나다.
④ 스킨

(3) 세면대 위
① 히아신스
② 국화
③ 프리지어

※ 식물은 물이나 비누가 닿지 않는 곳에 두는 것이 좋다.

(4) 베란다
① 팔손이 나무
② 분화 국화 : 빛이 있어야 잘 자란다.

(5) 현관
실외 대기 오염 물질 제거 능력이 뛰어난 식물을 준비한다.
① 벤자민 고무 나무 : 공기 정화 능력이 뛰어나다.
② 스파티 필름 : 강력한 공기 정화 능력이 있는 식물로 빛이 많지 않은 곳에서도 잘 자란다.
③ 테이블 야자 : 현관 신발장 위에 올려 놓으면 신발장의 불쾌한 냄새가 사라진다.

(6) 주방
요리 과정 중에 나오는 이산화질소와 이산화황 등으로 인한 음식 냄새를 없애주는 식물을 준비한다.
① 스파티 필름
② 벤자민 고무 나무 : 거실과 주방의 경계선에 두면 조리 중에 불완전 연소한 이산화황 등의 오염 물질을 흡수한다.
③ 허브 화분 : 찌든 음식 냄새를 중화시켜 준다. 주방 창가에 두면 좋다.

(7) 안방
- 네트로네피스 : 담배 연기를 흡수하여 침대에 베어 있던 냄새가 사라진다.

(8) 사무실
- 행운목(Lucky Tree) : 사무 기기와 실내 장식 등에서 나오는 유해물질을 흡수하고 공기를 정화한다.

(9) 책상 위
- 테이블 야자

(10) 아이방
① 페퍼민트 : 졸음을 쫓아준다.
② 라벤더 : 긴장을 풀어준다.
③ 로즈마리 : 기억력을 높여준다.

Chapter 06 한국의 도배 현실 및 비전

1 한국 벽지의 변천 과정

우리나라는 초기에 토담을 쌓아 짚을 작두로 썰어, 진흙에 섞어 개어서 발라 생활해 오다가 생활 주거 문명이 발달되면서 바탕면에 닥나무를 재료로 하여 생산된 피지를 발랐다. 그 후 피지를 초배지로 바르고 직기에 걸어서 제조한 한지로 도배하기 시작한 것이 도배 문화가 발달된 시초가 아닌가 생각된다.

해방 전후의 일반 가정에서는 비료 포대나 신문지, 밀가루 포대, 시멘트 포대(일명 크라우드지), 지난 달력, 헌 책, 학생들의 노트 등으로 벽이나 천장, 장지문의 바람을 막는 데 사용하였다.

먹다 남은 쉰밥이나 밀가루, 감자, 고구마, 옥수수 등의 재료를 사용하여 집에서 풀을 쑤어 도배 풀로 사용하였으나, 현재는 기계가 발달되어 대량의 풀을 공장에서 생산하고 있다.

벽지(壁紙)는 해방 전에는 한지에 의존하였으나, 해방 후(1945년) 인쇄술의 발달로 종이 벽지가 나오고 점차적으로 발포 벽지나 실크 벽지, 케미컬 타일 벽지 그리고 여러 종류의 특수 벽지들이 생산되면서 색상과 무늬도 다양하게 새겨져 나오고 있다.

2002년부터는 웰빙(Well-being) 바람이 불기 시작하여 주택·APT 건축 및 인테리어 전 분야에 많은 영향을 미쳐, 건축 자재에 친환경 소재를 사용해야 하는 시대가 되어, 관련 업계에서는 지속적으로 친환경 소재의 개발에 박차를 가하고 있다.

이에 벽지 업계에서도 웰빙에 발맞추어 사람의 인체에 해로운 포름알데히드(HCHO) 나 휘발성 유기화학물질(VOCs), 총휘발성 유기화합물질(TVOC) 등을 배제한 친환경 벽지를 속속 개발하고 있어 소비자가 용도나 기호에 맞게 벽지를 선택할 수 있는 폭이 넓어졌다.

최근에는 나노 기술의 도입과 게르마늄 및 폴리텍스 수성 잉크 기술의 도입으로 인한 기능성 웰빙 벽지(친환경 벽지)가 빠른 속도로 개발되어 출시되고 있다.

이를테면 음이온이 나오는 벽지(대동 벽지), 녹차·쑥·숯·황토 벽지(벽산 벽지), 산소 벽지(샬롬 벽지), 소나무·황토·숯·잣나무·향나무·한방 재료 등의 천연 재료를 이용한 천연 벽지 등 다양한 벽지들이 속속 개발되고 있으며, 이에 발맞추어 도배 기술에도 상당한 발전이 거듭되고 있다.

도배기능사 실기문제 해설집

2 우리나라 도배의 사회 인식과 비전

예전에 이런 일이 있었다. 공장형 아파트에 가서 샘플북(Sample Book)을 펴놓고 대화를 나누다가 조금 어려운 말을 하였더니, "그런 말도 할 줄 아세요?"라는 반응이 돌아왔다.

사람들은 직업에 귀천이 없다고 하지만, 아직까지는 그러한 인식이 존재하는 것 같다. 선진국에서는 화이트 컬러는 화이트 컬러대로, 노동자는 노동자대로 열심히 일하고 살아가며, 상호 간에 차별 없이 서로 존중하고 예우를 갖춘다. 그런데 한국은 아직까지도 직업에 차별을 두고 있는 것 같다. 이제는 정말 인식의 변화가 있어야 한다.

도배(塗褙)는 건축 업계의 한 분야이고 최종 마감하는 아주 중요한 분야이면서도 대우를 받지 못한다. 또한 사회 저변의 인식도 마찬가지이다. 이러한 현실 인식을 바꾸기 위해 도배인이 여러 방면에서 부단히 노력하여야 할 것이다.

현재 도배는 기술적인 측면에서는 과거에 풀칠만 하여 도배를 한다는 단순 개념에서 벗어나, 손으로 도배하는 이중 풀칠 시공, 자동 벽지 풀 바름기(유진엠씨·한국에이엠), 초소형 기중기 등이 개발되며, 도배 기술을 발전시켜 왔다. 시공 방법으로는 바탕면의 아름다움과 시멘트의 독성을 방지하기 위한 방안으로 핸디 작업(퍼티 작업)과 부직포(T/C지) 작업을 하며, 합지(合紙) 시공 시에는 롤 운용지를 물에 적셔 시공하는 방법과 봉투 뺑뺑이를 돌리는 시공 방법 등 여러 가지를 연구하여 시공되고 있다.

이처럼 노력하고 연구하는 부자재 업계와 도배인들이 나날이 늘어나고 있어 우리의 도배 시공 수준은 최근에 일본에서 한국의 도배를 배우러 오기도 하고, 우리의 도배 시공 기술을 중국의 도배기능인에게 전수를 시킬 정도로 높아졌다.

그리고 2005년 5월 24일 KBS 1TV 뉴스 내용을 소개하면 무인 컴퓨터가 건축 시공을 하는 장면이 나왔다. 이 무인 컴퓨터 건축 시공은 NASA에서 커다란 관심을 갖고 있다고 하며, 미래에는 우주에서도 건축 시공이 가능할 것으로 이야기되고 있다. 물론 먼 훗날에는 무인 컴퓨터가 도배하는 날이 도래하는 것은 아닌가 하는 노파심이 들기도 하지만, 도배는 반드시 사람의 손이 가야 하는 인적 서비스가 절대적으로 필요한 분야이기 때문에 그러한 걱정은 하지 않아도 될 것으로 본다.

이상 말을 맺으며 나날이 발전하는 벽지 업계와 도배인의 노력하는 마음 자세에 심심한 격려를 보낸다.

Chapter 07 래커도장 6단계

1단계 ▶ Paper(사포, 빼빠) 작업

2단계 ▶ Lov HS 래커(샌딩실러) 작업

　　　① 색상 투명
　　　② 도구 롤러 : 보푸라기 일어남

3단계 ▶ Paper 작업

4단계 ▶ Lov HS 래커 작업

5단계 ▶ Paper 작업

6단계 ▶ Lov HS 래커 작업

> **참고**
>
> 1. LA 시너 2000 혼합 : 농도 조절
>   17~18L로 약 25평 내외 칠 가능
> 2. 칠하여 루바가 섞이면 '리타다 시너'를 사용
> 3. 칠하여 성에가 낀 것 같이 희게 보이면 그냥 둠
> 4. 래커 종류
>   ① 혼합 비율 : 최대 60%
>   ② 건조 시간 : 최대 30분
>   ③ 재도장 간격 : 1~2시간(날씨에 따라 차이가 날 수 있다.)
>   ④ 특이 사항 : 고온 다습 시 희석제로 LA 리타다 시너 사용
> 5. 사포 종류
>   ① AC100
>   ② 종이 사포 220
>   ③ 종이 사포 320
> 6. 시너 저장 기간 : 24개월
> 7. 래커류 저장 기간 : 12개월(단, 제조일로부터)
> 8. 천장 작업 시에는 눈을 보호하기 위해 안경(선글라스 등)을 끼고 작업해야 한다.
> 9. 웃옷은 가급적 긴 소매의 옷을 입고, 짧은 소매인 경우에는 토시를 착용하여 피부를 보호해야 한다.

Chapter 08 도배인은 유산소 운동을 해야 한다

도배인(塗褙人)들은 실내에서 먼지와 함께 생활하고 있다고 해도 과언이 아닐 것이다. 실내 먼지를 들이마시며 생활해야만 하는 것이 숙명인 것이다. 때문에 건강관리를 위하여 일이 없을 때는 등산(산행)이나 트레킹(trecking)을 하여 심신을 관리해야 한다.

다행히 우리나라는 사방을 둘러보면 산이 지척에 보인다. 그래서 우리나라 사람들은 산을 좋아하고 산 같은 사람을 좋아하는 것이 아닌가 생각한다.

산은 이리저리 옮겨 다니지 않고 항상 제자리에 우뚝 서 있다. 그리고 말이 없다. 그러고 보면 도배인들도 입문하여 처음 배울 때는 힘이 들고 마음고생도 하지만, 숙련이 되고 연륜이 쌓이면 여러 직장을 옮겨 다니지 않고 꿋꿋하게 자리를 지키며 생활하는 사람들이 많다. 산과 같이 흔들림이 없는 도배인들은 미덥기까지하다.

등산(산행)과 트레킹은 혼자서는 빨리 갈 수는 있어도 멀리 갈 수는 없다고 한다. 그러나 둘이서는 빨리 갈 수는 없어도 멀리 갈 수 있다고 한다. 도배(塗褙)의 철학도 혼자서는 오래 할 수 없어도, 둘이서는 그것이 가능하다. 또한 트레킹은 육체적인 행위라기보다는 정신적인 행위에 가깝다. 걸을 때는 항상 생각을 하기 마련이다. 도배인도 '걸으며 생각'할 여유가 필요하다.

영국의 산악인 조지 핀치는 "등산은 스포츠라기보다 삶의 한 방법"이라고 말했다. 또 영국의 어느 신문기자가 영국 등산가 조지 맬러리(George Mallory)에게 "왜 계속 산에 오르십니까?" 하고 묻자, 산이 거기 있기 때문이라는 명언을 남기기도 했다. 이와 같은 맥락으로 성철 스님의 말씀이 떠오른다.

"산은 산이요, 물은 물이로다."

Chapter 09 등산과 트레킹

등산은 심폐 기능을 강화시켜주고 근력 향상에도 도움이 된다. 그러나 하산할 때 하중이 지속적으로 가해지면 무릎에는 독이 될 수 있다. 도배인은 특히 무릎을 잘 관리해야 하며 허리와 팔, 손도 잘 관리하고 보호해야 하므로 산행이나 트레킹할 때 항상 유의하여야 한다.

산은 오르기는 힘들지만 정상에 서면 잘 올라왔다는 생각이 들고, 내려오면 뿌듯한 마음마저 든다. 도배인의 하루도 마찬가지다. 일이 힘들지만 끝날 때면 오늘도 무사히 일을 마쳤구나 하는 안도감과 뿌듯함이 마음을 채워준다.

산은 정상만을 바라보며 목적지에 도달하기 위해 끊임없이 올라가는 것이고, 트레킹은 자연을 감상하며 여유롭게 걷는 목적지가 없는 산책으로, 산과 들, 바람을 따라 떠나는 도보 여행, 사색 여행 모두를 포함한다.

최근 '느림의 미학'에 관심을 갖는 사람들이 늘어나면서 트레킹이 사람들의 관심을 끌고 있다. 사람은 가끔은 익숙한 것들과의 결별이 필요하다. 즉 자기 성찰의 시간이 필요하다.

트레킹이 즐거운 것은 무엇보다도 육체적이기보다는 정신적인 행위에 가깝기 때문이다. 걸을 때는 생각을 하게 된다. 이를테면 도배인들은 일에 대한, 견적에 대한, 인간관계에 대한 창의적인 생각들을 하게 된다.

- 우리나라의 산은 높이가 모두 2,000m 이하이다. 대부분 800m가 안 되고, 500m 이하의 낮은 산이 많다.
- 국내 등산 인구는 1,800만 명이 넘고 산악회도 전국에 10만 개가 넘게 있다고 한다.

알아두면 유용한 정보

1. 보통 3,000m 이상을 고산(高山)
2. 1,000~2,000m를 중산(中山)
3. 500m 이하를 저산(低山)
4. 연속된 산을 산맥
5. 불연속적인 많은 산이 넓게 분포하면 산지(山地)
6. 해저의 산은 해산(海山)

도배기능사 실기문제 해설집

> 피톤치드(phytoncide)는 나무가 해충과 병균으로부터 자신을 보호하기 위해 내뿜는 자연 항균 물질이다. 스트레스 해소, 심폐 기능 강화, 살균 작용 효과가 있어서 오전 10시경부터 오후 1시경까지 산에 머무는 것이 좋다고 한다. 주위의 미생물 따위를 죽이는 작용을 하는 물질로, 삼림욕 효용의 근원이 되기도 한다.

1 등산(산행)과 트레킹의 비교

등산(산행)	트레킹
· 목표가 있다. · 반드시 정상에 올라야 한다. · 수직적이다. · 혼자서 사색할 수 있는 시간이 많다. · 다양한 삶, 경영 등을 구상한다. · 산에서 한없이 초라해지는 인간의 모습을 발견할 수 있다. · 느릿한 산행이 좋다. · 산은 오르기 힘들지만 정상에 서면 잘 올라왔다는 생각이 들고, 내려오면 뿌듯함마저 느낀다. · 예로부터 산은 우리의 휴식처이자 은둔처, 구원처였다. 산은 '승낙도 없이 들어가서 산소 공양만 잔뜩 받고 오는 영원한 고향이다.' 멈출 것인가 아니면 다시 오를 것인가? 산행은 인생과 같다. 포기하지 않고 뚜벅뚜벅 걸어가면 정상에 도달할 수 있다. · 등산의 백미(白眉)는 단연 정상 정복이지만, 그 완성(完成)은 출발 지점으로 되돌아오는 것이다.	· 목표가 없다. · 그냥 걸으면 되고 걷다가 힘들면 쉬어 가면 된다. · 수평적이다. · 직선길과 휘어진 길이다. · '느림의 미학'에 관심을 가지는 사람이 늘어나면서 주목받고 있다. · 사람은 가끔 익숙한 것들과의 결별이 필요할 때가 있다. 즉 자기 성찰의 시간이 필요하다. · 걷는다는 의미의 '보(步)'자를 살펴보면 '그칠 지(止)'에 '젊을 소(少)'의 의미가 있다. 즉 '그치면 젊어진다'는 뜻이다.

2 산인오조(山人五條)

산사람이 갖추어야 할 다섯 가지 덕목
    ① 산에 대한 흥취 - 산흥(山興)
    ② 산을 타는 체력 - 산족(山足)
    ③ 산행에 최적화된 체질 - 산복(山腹)

④ 기록으로 남기는 성실성 - 산설(山舌)
⑤ 훌륭한 조력자 - 산복(山僕)

이 말은 명나라의 주국정(朱國楨, 1558~1632)이 지은 《황산인소전(黃山人小傳)》에 나온다.

3 도배인의 오조(五條)

① 일에 대한 흥취 - 즐거움
② 일을 할 수 있는 체력 - 건강한 체력
③ 도배에 최적화된 체질 - 도복(塗腹)
④ 메모하는 성실성 - 도설(塗舌)
⑤ 훌륭한 조력자 - 선생, 선배

Chapter 10 종이의 역사와 유래

 우리는 종이를 처음에는 중국에서 제조 기술을 배워서 만들었으나, 나중에는 오히려 중국으로 수출했다고 한다.

 종이는 가벼울 뿐 아니라 말거나 접어서 부피를 줄일 수 있다는 장점이 있다. 인류의 개발 능력은 끝이 없는 것 같다. 종이처럼 휘어지는 스마트폰이나 노트북이 곧 등장한다고 하니 말이다!

 종이가 처음 등장한 때는 지금으로부터 약 1900년 전인 서기 105년이며, 중국의 '채륜'이 처음으로 만들었다고 전한다.

 채륜은 중국 후한의 환관 출신으로, '상방령'이라는 직책을 맡고 있었다. 당시 대나무나 비단, 양피지, 진흙판 등에 문자를 기록하는 것을 보고, 이를 안타깝게 여긴 채륜은 나무껍질, 낡은 천, 고기잡이 그물 등 여러 재료를 가루처럼 잘게 부순 다음, 이를 이용해서 새로운 종이를 만들어 내었다.

 중국에서는 채륜이 종이를 만들기 이전에는 '풀솜'이나 '마'를 펴서 만들어 종이로 썼다고 한다. 하지만 그렇게 만든 종이는 너무 얇고 약할 뿐더러 표면도 고르지 않아 사용하기가 불편했다.

 채륜의 종이는 가볍고 부드러우면서도 질기고, 접었다 펼 수 있어 휴대하기가 편했다. 사람들은 이 종이를 '채후지(蔡侯紙)'라 이름 붙였고, 이전의 종이와 구별하며 채륜의 공을 찬양하였다.

 중국은 여러 가지 식물 원료를 갈아 얇게 펴서 종이를 만들었고, 우리나라는 주로 닥나무 껍질을 두들겨 종이를 만들었다. 이렇게 만든 종이를 '한지'라고 불렀다.

 중국 송나라의 손목은 《계림유사》에서 고려의 닥종이는 흰빛이 아름다워서 모두 좋아한다고 하였다. 이를 '백추지'라 일컬으며 한지의 우수성을 찬양하였다.

 명나라의 문헌에도 "고려의 종이는 누에고치로 만들어서 종이 색깔이 비단처럼 희고 질기며, 글자를 쓰면 먹물이 잘 스며들어 좋다."라고 하였다. 또한 "이런 종이는 중국에는 없는 것으로 진귀한 물품이다."라고 적고 있다. 물론 한지는 누에고치로 만든 것이 아니라 닥종이로 만든 것이다. 그런데 누에고치로 만든 것으로 알려질 정도로 우리 조상의 한지가 비단처럼 곱고 촘촘하면서도 매끄러웠다는 뜻이다.

그렇다면 우리나라에서는 언제부터 종이를 만들어 사용했을까?

중국의 종이 제조법이 우리나라에 전해진 시기는 대략 서기 300~600년 사이로 추측된다. 일본의 역사서인 《일본서기》에는 610년에 고구려 '담징'이라는 사람이 종이와 먹의 제조법을 일본에 전했다는 기록이 있다. 이로 미루어 볼 때 우리 민족은 그 이전(610년 이전)에 종이 만드는 기술을 지니고 있었음을 알 수 있다.

불국사 석탑에서 발견된 《무구정광대다라니경》은 두루마리 종이에 목판 인쇄를 한 경전이다. 석가탑이 축조된 때가 751년, 《무구정광대다라니경》이 번역된 시기가 704년이므로 이것을 인쇄한 종이는 그 사이에 만들어진 것이라 짐작할 수 있다.

또한 755년 경덕왕 14년에 《대방광불화엄경》에는 종이 만드는 기술과 만든 곳의 지명, 종이를 만든 사람 등이 기록되어 있다고 한다. 그런데 더욱 놀라운 사실은 종이를 발명한 중국이 오히려 우리나라 종이를 수입하여 갔다는 점이다. 이는 그만큼 우리가 중국보다 더 질좋은 종이를 만들었음을 뜻하는 것이다.

Chapter 11 도배(塗褙)는 무엇으로 하는가?

　혹자들은 도배는 손끝에서 나온다고 한다. 물론 틀린 말은 아니다. 이 말은 도배지가 발전되기 전인 1960~1970년대에나 맞는 말이라고 생각할 수 있다. 그러나 지금은 인쇄술과 도배지의 발달로 인하여 손끝만으로 도배를 한다고 할 수는 없을 것이다.
　현재 지속적으로 발전하고 있는 특수 도배지의 발달과 더불어 많은 도배지가 생산되고 있다. 이러한 도배지를 잘 바를 수 있는 도배의 기술도 나날이 발전하고 있다. 그러므로 도배인들은 많은 연구와 노력을 하여야 할 것으로 생각된다.
　그러면 과연 어떤 필요조건을 갖춘 도배를 해야 하는지를 정리하고자 한다.
　첫째, 손끝의 느낌(감각)
　도배인은 손가락 끝으로 종이의 느낌을 감지한다. 병원의 의사는 청진기와 의료도구, X-ray 촬영한 것을 보고 환자의 병을 판단하여 치료와 처방을 한다. 그러나 도배는 도구도, X-ray 촬영도 하지 않고 하자를 알아내고, 도배지를 손으로 만져보고 처방을 하며 도배를 한다.
　둘째, 건강한 체력(몸)
　도배의 작업 시간은 오전 9시부터 오후 6시까지 쉼 없이 일한다. 오로지 쉴 수 있는 시간은 점심시간과 간식 시간을 제외하고는 엉덩이를 바닥에 붙이는 시간이 없다. 왜냐하면 도배는 일당의 개념으로, 주어진 시간에 도배 평수를 바르기 위해서는 쉬지 않고 작업을 해야 하기 때문이다.
　또한 주어진 시간 안에 도배를 신속 정확하게, 또 아름답게(예쁘게) 끝마쳐야 하기 때문에 여간 힘든 일이 아니다. 특히 여름철에는 가만히 있어도 땀이 나는데 도배일을 하면 오죽 땀이 많이 나겠는가. 땀이 줄줄 흘러 눈과 귀로 들어간다. 이러하니 체력이 뒷받침되지 않으면 도배일을 할 수 없다.
　셋째, 생각하는 머리(두뇌)
　도배는 현장(일반 주택, 아파트, 여러 종류의 식당, 노래방, 찜질방, 사무실, 연회장, 호텔 객실, 휴게실 등)의 상황에 따라 작업을 대처하는 방법이 다르기 때문이며, 많은 종류의 특수 도배지의 발달과 생산으로 정배(正褙)하는 방법이 다르기 때문에 "생각하는 도배"를 하지 않을 수 없다.

넷째, 긴장감(정신력)

　일반 사람들은 도배를 쉽게 생각한다. 그러나 결코 쉽지 않은 것이 도배다. 혹자는 도배를 쉽게 생각하고 집에서 가족끼리 하다가 부부싸움을 했다고도 하고, 몸살이 나서 출근도 하지 못하고 병원 신세를 졌다고 하는 사람도 있으며, 넘어져서 다친 사람, 칼에 손이 베어서 치료를 했다는 사람들의 얘기를 들은 적이 있다.

　이렇게 도배는 항상 위험이 도사리고 있다. 도배사들도 간혹 퍼티 아시바(아나방)나 우마(발판)에서 떨어지는 경우도 있고, 심한 경우는 불구가 되는 사람도 있는가 하면, 2층에서 미끄러져 많이 다치는 사람도 있다. 가볍게는 커터칼에 손가락을 베어 치료하는 경우도 있다. 그러므로 항상 긴장감을 갖고 일에 임하여야 한다.

Chapter 12 도배의 장단점

1 장점

① 경제적인 측면 : 비용이 적게 든다.
② 심미적인 측면 : 색깔이 다양하고 여러 가지 무늬가 있어 소비자의 선택 폭이 넓으며 소비자의 기호와 주어진 환경, 분위기에 맞추어 색상과 무늬를 선택할 수 있다.
　㉠ 계절에 따른 색상 선택 가능
　㉡ 동식물에 따른 그림 선택 가능
　㉢ 기하학적인 무늬 선택 가능 등
③ 재료적인 측면 : 여러 종류의 도배지가 있어 소비자의 기호에 따른 선택의 폭이 다양하다.
④ 시공적인 측면 : 실내에서의 작업(일)으로 사계절에 관계없이 시공이 가능하고, 다른 시공보다 작업 조건이 좋다고 할 수 있다.

2 단점

도배지에서 포름알데히드나 기타 유해 물질이 검출되었으나, 최근에는 유해 물질이 검출되지 않는 웰빙 도배지의 생산으로 소비자들에게 찬사를 받고 있다.
① 폴리텍스 수성 잉크 사용
　㉠ 유해 물질로부터 인체에 안전(무해)함.
　㉡ 포름알데히드(HCHO)가 검출되지 않음.
② 은나노 실버 함유 벽지 : 항균, 살균, 탈취 등에 탁월한 효능 발휘
③ 광촉매 벽지(나노 기술의 완성)
　㉠ 포름알데히드 및 유해 물질 등의 오염 물질 흡착 처리
　㉡ 공기 정화 능력 탁월

ⓒ 무색, 무취, 무독의 인체에 전혀 무해한 환경 친화성 벽지
ⓡ 새집 증후군(sick house syndrome) 감소
ⓜ 곰팡이 등 인체 유해균의 성장을 억제하는 항균 기능
ⓗ 자정 작용(Self-cleaning) 기능

Chapter 13 도배 시공 용어 정리

① 도배(塗褙)＝정배
② 도배지＝정배지
③ 재단자＝도련자＝전반자
④ 재단판＝밑자＝받침대
⑤ 칼질(Cutting)＝도련
⑥ 도배솔＝정배솔＝마른 솔＝다듬솔＝나데바기(なでばき)
⑦ 풀솔＝풀귀얄
⑧ 딱솔＝이중 풀칠솔＝빡빡이솔＝짧은 풀솔
⑨ 천장(Ceiling)＝반자
⑩ 벙어리방 : 몰딩이 없는 방
⑪ 벽지(壁紙)＝Wallpaper＝Wallcovering
⑫ 본더풀＝터치풀
⑬ 노바시(のばし)＝잠재우기＝숙성＝숨죽이기＝Soaking time
⑭ 온통 풀칠＝베다(べた)＝찰싹＝통칠
⑮ 이중 풀칠＝미즈바리(みずばり)＝물바름 방식＝봉투 바름
⑯ 공간 초배＝갓둘레 붙임
⑰ 갓둘레＝뺑뺑이＝힘받이＝돌림 초배지
⑱ 걸레받이＝굽돌이＝하바기(はばぎ)＝굽지(Base Board)
⑲ 이음 초배＝쯔기(つぎ) 초배
⑳ 히로시(ひろし)＝연필 선 긋기
㉑ 핸디(Handy) 작업＝퍼티(Putty) 작업＝빠데 작업
㉒ 이음선＝하구찌(はくち)＝맞물림선＝겹침선＝이음매(Seaming)
㉓ 이음매 따기＝맞물림 따기＝쯔기(つぎ) 따기
㉔ 하자, 재손질＝데나오시(でなおし)
㉕ 주걱＝헤라(へら)＝참대주걱
㉖ 배합＝혼합＝믹스
㉗ 대야＝다라이(たらい)＝풀그릇

㉘ 네바리(ねばり)=보수 초배
㉙ 후꾸루(ふくる)=공간 초배
㉚ 가로=요꾸(よく)
㉛ 고부찌(ごうぶち)=홈
㉜ 기 네바리(きねばり)=짧은 초배
㉝ 긴 네바리(きんねばり)=긴 보수 초배
㉞ 와다라시(わたらし)=각 장판
㉟ 아크졸=강력 접착제
㊱ 부직포=T/C지
㊲ 한지(韓紙)=Korean paper
㊳ 발판=우마(うま)
㊴ 겔링(Galling) 작업=평탄 작업
㊵ 허리지갑=옆차기=도구 넣는 집
㊶ 벽=가베(かべ)
㊷ 모서리(Out corner)=가도(かど)
㊸ 구석(In corner)
㊹ 줄자=마끼자(まきざ)
㊺ 보양 작업=커버링 작업
㊻ 맞물림 시공(Butt joint)=맞댐 시공
㊼ 오목 벽면=아루(ある) 벽면
㊽ 초배지(Lining paper)
㊾ 겹침 시공(Overlap, 오버랩)
㊿ 정리=나라시(ならし)
(51) 밀대=스크레이프(Scrape)
(52) 골드 베이스=하드 노븐=하멜 노븐
(53) 엑사판 : 화장실 천장에 시공
(54) 엔드바 : 굽돌이용으로 모노륨 장판에 끼움.
(55) 방습지 : 습기가 스며들지 못하게 만든 종이

Chapter 14 접착제와 도배지

1 비초산형 실리콘 실런트(silicone sealant)

① 특징 : 중성(무초산) 경화형의 실리콘 실런트로서 철재, 알루미늄, 벽돌, 목재와 대부분의 플라스틱 등 다공성 및 비다공성 표면에 접착이 우수하다.
② 용도 : 금속이나 패널 조인트, 하이새시, 유리, 석재로 된 건축용 부속 자재에 접착력이 좋아 지붕 홈통이나 배수관, 벽면 둘레, 창호 둘레, 스카이라이트, 쇼케이스 등의 각종 공사에 다목적으로 사용된다.
③ 사용 방법
  ㉠ 시공 개소의 확인 및 피착면의 청소
  ㉡ 충전재의 확인 및 피착면의 청소
  ㉢ 충전재의 장전 및 마스킹 테이프 작업
  ㉣ 필요시 프라이머 도포
  ㉤ 실런트 충전
  ㉥ 충전 후 표면 마무리 작업
  ㉦ 마스킹 테이프의 제거와 청소
  ㉧ 양생
④ 주의 사항
  ㉠ 미경화 상태의 실런트는 눈을 자극시킨다.
  ㉡ 눈에 닿게 되면 깨끗한 물로 씻어낸 후 의사의 지시를 받는다.
  ㉢ 피부와의 장시간 접촉을 피한다.
  ㉣ 어린이 손에 닿지 않는 곳에 보관한다.
⑤ 보관
  ㉠ 5℃ 이상이 서늘하고 건조한 곳에 보관
  ㉡ Net 300mL

2 아크졸(강력 접착제)

① 품명 : 아크릴 벽지용 접착제
② 성분
    ㉠ 초산 비닐 아크릴 40+1%
    ㉡ 물, 유기용제 외 60+1%
③ 독성 있음
④ 용도
    ㉠ 수성 페인트에 시공
    ㉡ 래커 페인트에 시공
    ㉢ 본타일 및 각종 페인트 벽지에 시공
    ㉣ 니스칠 부위에 시공
⑤ 주의 사항
    ㉠ 얼지 않도록 보관한다.
    ㉡ 유기 용제가 함유되어 있으니 작업 시 화기 및 환기에 유의한다.
    ㉢ 일부러 냄새를 맡지 않는다.
    ㉣ 어린이 손에 닿지 않는 곳에 보관한다.
    ㉤ 접착 이외의 용도에는 사용을 절대 금한다.
    ㉥ 눈에 들어가지 않도록 주의한다.
    ㉦ 장시간 피부에 부착되어 있지 않도록 주의(피부에 닿지 않도록 주의)한다.

3 도배와 필름의 상관관계 비교

내 용	도배(塗褙)	필름(film)
제품	마른 벽지, 풀칠(축축)	스티커 형태, 셀룰로이드 위에 감광제
상품의 정의	정직하다	정직하다
조정	수축되어 조정 가능(띄었다 붙였다 가능)	수축 불가능으로 조정 불가능. 단, 드라이기 등을 사용하여 열을 가하면 늘릴 수 있다.
문양, Color	다양	다양
멋	동양적인 멋스러움 풍김	서구적인 멋스러움 풍김
성격(분위기)	여성적, 정적, 부드럽고 포근한 느낌	남성적, 동적, 찬 느낌
맛	깊은 맛, 은은한 맛	얇은 맛, 깊이 떨어짐
술과 비교	막걸리 또는 포도주	소주 또는 양주
작업 환경	실내로 양호한 편, 마무리 작업	타 작업과 같이 하므로 먼지, 이물질 발생
작업 분위기	부드러운 편	딱딱한 편

시공	• 견적 : 평
	• 기초 작업 : 네바리, 공간 초배(부직포 작업), 고급 도배 시 핸디 작업
	• 재단판 : 합판, 풀기계 사용 시 필요 없음
	• 커터칼 헤라 : 대나무, 플라스틱
	• 시공면 : 천장, 벽 등
	• 커팅 기술 : 누르면서 당기는 기분
	• 시공 도구 : 정배솔 등
	• 풀칠 도구 : 풀솔, 빡빡이 솔
	• 하자 보수 : 가능
	• 일당 : 즉시 지급하는 편
	  – 미를 창조하는 예술(최종 마감)
	  – 학문으로 연구하여야 할 분야
		• 견적 : 제곱미터(m²)
		• 기초 작업 : 프라이머 작업, 핸디 작업
		• 재단판 : 카펫 등
		• 커터칼 헤라 : 스테인리스
		• 시공면 : 천장, 벽, 가구, 문틀, 파티션 등
		• 커팅 기술 : 긁는다는 기분
		• 시공 도구 : 스퀴즈, 양모 펠트, 양모 헤라 등
		• 풀칠 도구 : 필요하지 않음
		• 하자 보수 : 가능
		• 일당 : 지연되는 편
		  – 미를 창조하는 예술(최종 마감)

4 여러 특수 벽지의 분류

(1) 초경 벽지

종 류	사용된 원료	특 징	시공 방법

갈포 벽지 (arrowroot wallpaper)	칡덩굴에서 채취 (갈저)	• 순수 자연성 제품
		• 빛을 직접 반사시키지 않음.
		• 소재의 특성상 조직이 클수록 이음매 표시가 남.
		• 천연 소재이므로 폭과 색이 다를 수 있음.
		  - 즉 색조 발생 우려 있음.
		• 화재 발생 시 유독 가스의 피해를 줄일 수 있음.
		  - 화학 성분으로 발생되는 문제
			• 초배가 완전히 마른 후 시공
			• 온돌 풀칠 또는 이중 풀칠
			• 된 풀 사용
			• 숙성(노바시, のばし)이 필요 없음.
			  - 한 폭씩 풀칠 후 정배
			• 숙성 시간이 길면 이중 배접지의 분리 현상이 일어날 수 있음.
			• 풀칠 후 둥글게 보관
			• 겹겹이 쌓아 놓지 말 것

완포·완심 벽지	왕골의 잎과 왕골대의 속		
해초 벽지	부들 (해변가 습지에서 자생)		
아바카(abaca) 벽지	아바카 (마닐라삼, 필리핀산)		
황마 벽지	황마 (jute, 중국산과 방글라데시산)		
사이살 (sisal)	사이살 (중국 남부 지방에서 생산)		
죽포 벽지	죽포 (대나무 죽순을 가늘게 쪼개어 연결)		
갈대포 벽지	갈대, 마사 (마사와 같은 굵은 실을 혼직)		
닥포 벽지	닥나무 껍질		
루파 벽지	칡덩굴 (바싹 말림)		
밀짚포 벽지	말짚		
싸리포 벽지	싸리 껍질		

(2) 섬유 벽지

종류	사용된 원료	특징	시공 방법

직물 벽지	• 각종 원사를 나름.
	  - 자연 섬유 : 면사, 마사, 실크, 동물성 섬유사, 광물성 섬유사
	  - 화학 섬유 : 인견사, 나일론, 폴리에스터, 아크릴 등
	  - 혼방사 : 화학 섬유끼리 또는 화학 섬유와 자연 섬유의 혼방
		• 자연 섬유의 포근한 질감과 풍부한 입체감이 돋보임.
		• 보온, 흡음, 통기성 우수
		  - 인체에 적당한 습도 조절이 가능
		• 부패 방지 기능
		• 결로 현상 방지에 도움.
			• 맑은 날 시공 요함.
			  - 흐린 날 시공 시 좌우로 너무 당겨 붙이면 건조 후 터질 위험 있음.
			• 부드러운 롤러 사용
			• 초배지나 천을 덧대고 문질러 줄 것
			• 가급적 후꾸루 시공 필요 (봉투 바르기)
			• 이음매 표시가 나타나지 않음.

우븐 벽지	• 순면 원사를 제직 가공하여 특수 염색법에 의해 지당 처리된 제품	• 난연성 및 내구성, 흡습성이 뛰어남.	
스트링(string) 벽지	• 각종 원사 사용	• 실을 꼬아서 만든 벽지 • 고급스러운 분위기 연출	
비단 벽지	• 천연마와 인견사, 펄프, 레이온 등을 배접한 벽지	• 원사 자체에 자연적인 코팅 처리(먼지 및 오염 물질 제거) • 섬유가 가지는 방음성 및 정전기 방지 효과, 습도 조절 기능 • 고급스러운 분위기 연출	

(3) 종이 벽지

종류	사용된 원료	특징	시공 방법
지사 벽지	얇은 박엽지인 화지를 일정한 간격으로 절단하여 실처럼 꼬거나 접어 연사를 만들고, 이를 직기에서 섬유 원단처럼 직조한 후 원지에 호부하여 만듦.	• 다양한 패턴으로 만들어 낼 수 있음. • 방음, 방습, 방온 효과 • 충격을 흡수하는 탄력성이 우수함. • 호텔 복도나 서재, 강당이나 예식장, 연회장 등에 효과적임.	• 맑은 날 시공 요함. • 부드러운 롤러 사용 • 초배지나 천을 덧대고 문질러 줄 것 • 조직이 커질수록 이음매 표시가 나타남.

(4) 목질계 벽지

종 류	사용된 원료	특 징	시공 방법
코르크 벽지	굴참나무 껍질	나무의 독특한 자연미	• 온통 된 풀칠 • 숙련된 기능이 요구됨.
무늬목 벽지	무늬목		
목포(木布) 벽지	편백나무		

(5) 무기질 벽지

종 류	사용된 원료	특 징	시공 방법
질석 벽지	질석(돌가루)을 고열에서 발포	돌가루의 독특한 자연미	• 온통 된 풀칠 • 숙련된 기능이 요구됨.
금속박 벽지 (metalic wallpaper)	알루미늄박 벽지	금속의 독특한 멋스러움	
유리 섬유 벽지	유리 섬유를 제직하여 배접한 벽지	유리 섬유의 독특한 자연미	

5 특수 벽지(초경 벽지·섬유 벽지)의 특징 및 시공 방법

(1) 특징

① 순수한 자연성 제품인 '섬유 벽지와 초경 벽지'는 화재 발생 시 유독성 가스의 피해를 줄일 수 있다.
② 빛을 직접 반사시키지 않고 흡수하는 특성이 있다(소재의 특성).
③ 초경 벽지, 지사 벽지, 마직 벽지는 소재의 특성상 조직이 클수록 이음매 표시가 난다. 특히 초경 벽지는 천연 소재로 폭과 폭의 색이 같을 수 없으므로 한 롤이라도 색조가 달리 보일 수 있다(색조 발생). 그러므로 소비자에게 충분히 설명을 하여야 한다.
④ 섬유 벽지는 가로세로 구분 없이 어느 방향으로도 시공이 가능하다.

(2) 시공 방법

① 초배 작업 후 초배가 완전히 마른 후 시공한다.

② 섬유 벽지(우븐 벽지, 직물 벽지 : 자연 섬유, 화학 섬유, 혼방사)는 가급적 물바름 방식(미즈바리, 이중 풀칠, 봉투 바르기)으로 시공한다.

③ 벽면이 고르지 않을 경우에도 물바름 방식으로 시공하도록 한다. 기타 특수 벽지는 가급적 물바름 방식으로 시공한다.

④ 풀은 된 풀을 사용하고, 본드는 가급적 섞어서 사용하지 않는다.

⑤ 가급적 한 폭씩 풀칠 후 시공하도록 한다. 이유는 너무 오래 두면 이중 배접지의 분리 현상이 일어날 수도 있기 때문이다.

⑥ 원사는 접힌 자국이 나타날 수 있으므로 풀칠 후 눌러서 접지 말도록 하여야 하며, 가급적 둥글게 접어서 보관하도록 하고 절대로 쌓아 놓지 않도록 하여야 한다.

　㉠ 3분의 2 접기 후 말아 놓는다.

　㉡ 2분의 1로 맞접어 말아 놓는다.

⑦ 무늬를 맞출 필요가 없는 무지 벽지는 되돌려 붙이기 시공을 하여야 한다.

　• 색상이 들어간 모든 섬유 및 직물 원단은 세계 공통 시공이다.

⑧ 이음매 작업은 올이 일어날 수 있으므로 가급적 헤라(참대주걱)를 사용하지 않는 것이 좋으며, 부드러운 롤러(roller, 도르래)를 사용하도록 한다. 또한 초배지나 천을 덧대고 문지르면 풀이 올라와 얼룩 현상이 일어나는 것을 예방할 수 있다. 이는 다름질 원리와 같다고 할 수 있다.

⑨ 천연 소재의 벽지이므로 습도가 높은 날은 약간 늘어나고, 낮은 날은 줄어드는 특성이 있으므로 흐린 날 시공 시에는 좌우로 너무 당겨 붙이지 않도록 하여야 한다. 이유는 건조 후 터질 위험이 있기 때문이다.

⑩ 시공 완료 후 풀이 마르기 전까지는 약간 처진 듯 보이나 완전히 마르면 팽팽해진다.

⑪ 건조는 상온에서 시키고, 통풍을 위하여 문을 열어 놓거나 너무 방을 뜨겁게 할 경우 터질 수도 있으니 난방에 특히 유의하여야 한다.

⑫ 재시공 시 초경 벽지, 우븐 벽지, 지사 벽지는 표면에 스프레이(spray)로 물을 뿌린 후 30분 정도 경과 후에 제거하면 손쉽게 제거할 수 있다.

6 벽지의 규격

종류	폭	규격	단위	비고
단지	소폭	53cm×12.5m	2평/1롤(roll)	낱롤 또는 박스 단위로 판매
합지	소폭	53cm×12.5m	2평/1롤	20롤 1Box
	중폭	65cm×15.25m	5평/1롤	6롤 1Box
	장폭	79.5cm×20.8m		
	광폭	93cm×17.75m		
실크지	광폭	106cm×15.5m	5평/1롤	낱롤 판매 가능
발포지	장폭	93cm×17.75m	5평/1롤	낱롤 판매 가능
	광폭	106cm×15.5m		
지사 벽지	광폭	106cm×15.5m	5평/1롤	낱롤 판매 가능
한지 벽지		90cm×18m	5평/1롤	낱롤 판매 가능
		63cm×93m 75cm×145m	장	1장당 판매(고급 수록지)
한지 바닥재		85cm×107m	장	1장당 판매
한지 창호지		98cm×15m 98cm×20m 98cm×10m 98cm×50m	롤	
한지 선팅지		90cm×30m	롤	접착제 함유
		80cm×1m	장	
		1m×30m	롤	비접착
파이텍스		180cm×36m	롤	
롤 초배지		110cm×22.5m	롤	
초배지		47cm×88m	권, 축, 동	
운용지		70cm×97m	반 연, 한 연	
롤 운용지		970cm×17.5m	롤	
롤 부직포(T/C지)		54.5cm×18.2m 98cm×60m	롤(절단) 롤	

MEMO

MEMO

저자 최돈화

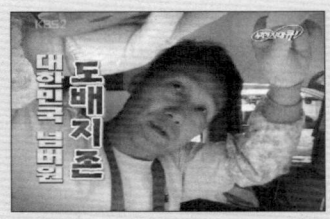

KBS 무한지대 큐 출연
「도배지존 / 2005. 10. 17. / 186회」

- 도배기능사
- 도배 훈련 교사
- 서울직업전문학교 '실내 인테리어 도배' 특강
- E-TANK 직업전문학교 전임교사
- 대한직업전문학교 교사
- 영진직업전문학교 교사
- 군산 도배·장판 기술학원
- **저서** 《도배시공 매뉴얼》(건설도서)
  《도배시공 이론과 실무》(건설도서)

도배기능사
실기문제 해설집

2010. 1. 20. 초 판 1쇄 발행
2017. 1. 10. 개정증보 1판 1쇄 발행
2019. 1. 7. 개정증보 2판 1쇄 발행
2021. 9. 10. 개정증보 3판 1쇄 발행
2023. 9. 6. 개정증보 4판 1쇄 발행
2025. 5. 21. 개정증보 5판 1쇄 발행

검인

지은이 | 최돈화
펴낸이 | 이종춘
펴낸곳 | BM (주)도서출판 성안당
주소 | 04032 서울시 마포구 양화로 127 첨단빌딩 3층(출판기획 R&D 센터)
       10881 경기도 파주시 문발로 112 파주 출판 문화도시(제작 및 물류)
전화 | 02) 3142-0036
       031) 950-6300
팩스 | 031) 955-0510
등록 | 1973. 2. 1. 제406-2005-000046호
출판사 홈페이지 | www.cyber.co.kr
ISBN | 978-89-315-1193-2 (13540)
정가 | 28,000원

이 책을 만든 사람들
기획 | 최옥현
진행 | 이희영
교정·교열 | 문 황
전산편집 | 이다은
표지 디자인 | 박원석
홍보 | 김계향, 임진성, 김주승, 최정민
국제부 | 이선민, 조혜란
마케팅 | 구본철, 차정욱, 오영일, 나진호, 강호묵
마케팅 지원 | 장상범
제작 | 김유석

성안당 Web 사이트

이 책의 어느 부분도 저작권자나 BM (주)도서출판 성안당 발행인의 승인 문서 없이 일부 또는 전부를 사진 복사나 디스크 복사 및 기타 정보 재생 시스템을 비롯하여 현재 알려지거나 향후 발명될 어떤 전기적, 기계적 또는 다른 수단을 통해 복사하거나 재생하거나 이용할 수 없음.

※ 잘못된 책은 바꾸어 드립니다.